迷惑而神往

——近代物理告诉我们什么?

廖伯琴　主编

西南大学西南民族教育与心理研究中心
西南大学科学教育研究中心

本书获西南大学科技处科普图书项目资助，获教育部人文社会科学重点研究基地重大项目（基于"互联网+"的民族地区科学普及研究，项目号16JJD880034）资助。

上海科学技术出版社

内容提要

本书是科学普及类图书，采用生动活泼、浅显易懂的写作手法，纳入精彩的近代物理内容（共12章）。同时，通过"科学家画廊""趣闻插播""工具箱"等栏目，对相关内容进行拓展延伸，增强趣味性与可读性。

本书旨在通过活泼、新颖的表现形式，尽量避开数学计算，让读者在轻松愉快的气氛中，走进近代物理的世界，提升物理学科核心素养。

图书在版编目(CIP)数据

迷惑而神往：近代物理告诉我们什么 / 廖伯琴主编.
—上海：上海科学技术出版社，2019.11
ISBN 978-7-5478-4253-9

Ⅰ.①迷…　Ⅱ.①廖…　Ⅲ.①物理学－青少年读物
Ⅳ.①O4-49

中国版本图书馆CIP数据核字（2018）第257849号

责任编辑　施　成　金波艳

上海世纪出版（集团）有限公司
上海科学技术出版社　　出版、发行
（上海钦州南路71号　邮政编码200235　www.sstp.cn）
苏州工业园区美柯乐制版印务有限责任公司印刷
开本　787×1092　1/16　印张　15.5
字数　288千字
2019年11月第1版　2019年11月第1次印刷
ISBN 978-7-5478-4253-9/O·66
定价：78.00元

序言

　　当今，物理科学在宇观、宏观、微观世界探索中取得的成就极大地推动了科学技术发展和社会进步，改变了人们对世界的认识和生产生活的方式。在科学技术飞速发展的今天，科学普及必须走向全民，科学教育应"为了每一位学生的发展"。

　　20世纪初，我国启动了新中国成立以来改革力度最大、社会各界最为关注、意义深远的基础教育课程改革，其中，科学课程的改革越来越受到关注。小学（1～6年级）的综合科学课程的开设，初中（7～9年级）分科及综合科学课程的推进，以及高中分科科学课程的深入开展，引发人们从不同的视角研究科学课程的外延与内涵、科学教育的功能、科学课程的理念、科学教学的模式、科学教师的成长等。2017年底，教育部正式颁布的高中课程标准，从"三维课程目标"上升到"学科核心素养"，充分体现了人们对课程功能内涵的进一步关注。

　　西南大学科学教育研究中心为了落实科学教育的理念，独具匠心，打造科学教育丛书，陆续推出了科学教育系列图书，以跨学科、多角度及国际比较的视野，探索科学教育的理论及实践，希望在基础教育课程改革的浪潮中，为素质教育的深入推进做出努力！

　　目前，本科学教育丛书系列已出版的科学教育图书含以下几方面：

　　其一，科学教育理论研究系列，从科学教育学到科学课程、教材、教学、评价等方面进行研究（如：《科学教育学》——科学出版社2013版、《中小学理科教材难度国际比较研究》——教育科学出版社2016版）；

其二,科学普及系列,注重以幽默、生动的形式,对中学生进行科学普及教育(如:《玩转物理——聊动手做的乐趣》《谁主沉浮——聊物理学家那些事儿》《不可思议——聊科学技术的应用》《开天辟地——聊奇妙的时空》《原来如此——聊身边的物理》——上海交通大学出版社2014版、《一做到底:精彩纷呈的物理实验》《一做到底:风情万种的生物实验》《一做到底:变化万千的化学实验》——北京化学工业出版社2015、2017、2019版);

其三,科学教育跨文化研究系列,从国际比较、不同民族等多元文化视角研究科学教育科学(如:《西南民族传统科技》——科学出版社2016版、《民族地区中小学理科教学质量监测研究》——科学出版社2017版);

其四,科学教材译丛,引进并翻译国外优秀的物理、化学、生物中学教材(如生动幽默的英国《FOR YOU》教材系列:《物理——Physics for you》《化学——Chemistry for you》《生物——Biology for you》——上海科学技术出版社2016版)。

本书——《迷惑而神往——近代物理告诉我们什么?》,属于科学普及类读物,旨在通过活泼新颖的表现形式,让读者在轻松愉快的气氛中,走进近代物理的世界,提升物理学科核心素养。为此,本书采用生动活泼、浅显易懂的写作手法,避开数学计算,纳入精彩的近代物理内容(如:从爱因斯坦的相对论到引力波再到虫洞,从希格斯玻色子到波粒二象性再到量子纠缠,以及暗物质与暗能量、反物质与物质等),以"科学家画廊""趣闻插播""工具箱"等栏目,对相关内容进行拓展延伸,增强趣味性与可读性。

本书适合具有初中以上文化程度的学生、教师、相关科技人员,以及渴望了解物理前沿的广大读者阅读。

本书共十二章,其中章名及相关分工如下:

第一章 世纪之交的盛会带来了什么?——狭义相对论(唐颖捷)

第二章 宇宙有深"阱"吗?(马兰)

第三章 宇宙来自哪里?(陈虹)

第四章 能听见宇宙的声音吗?(杜文馨)

第五章 什么是虫洞?(毛予廷)

第六章 揭开"上帝粒子"的神秘面纱——希格斯玻色子(何韵林)

第七章 让人纠结,是波还是粒子?(李娜)

第八章 万物皆有默契吗?(潘晨)

第九章 宇宙真会"死亡"吗?(卢晓凤)

第十章 宇宙的巨砖在哪里?(赵慧)

第十一章 存在镜像王国吗?(刘京宜)

第十二章　是否有和谐的宇宙交响曲？——世界的统一性（卢星辰）

全书框架、体例、内容选定、初稿修改、统稿及定稿等，由廖伯琴教授完成。

本书获西南大学科技处科普图书项目资助，获教育部人文社会科学重点研究基地重大项目（基于"互联网+"的民族地区科学普及研究，项目号16JJD880034）资助。在完成本书过程中，得到了众多专家学者的指导，一线师生的研读并斧正。对于书中引用的信息，我们尽量以参考文献的方式突出被引用者的贡献。在此我们一并表示由衷感谢！

时代在进步，科技在发展，本书探讨的问题也在进一步深入，有些尚未有明确结论。由于资料所限，尽管各章作者已认真核查，但仍难免粗糙或不准确。请各位读者不吝赐教，我们一定及时修订，以便本书日臻完善。

廖伯琴

2019年4月11日于西南大学荟文楼

目录 CONTENTS

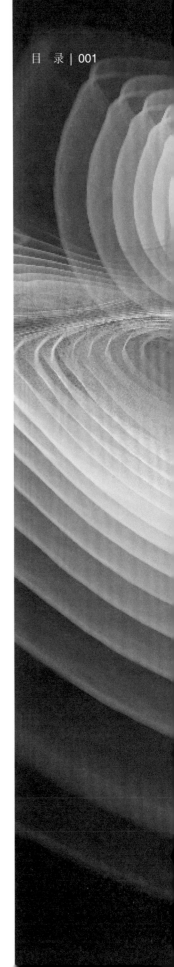

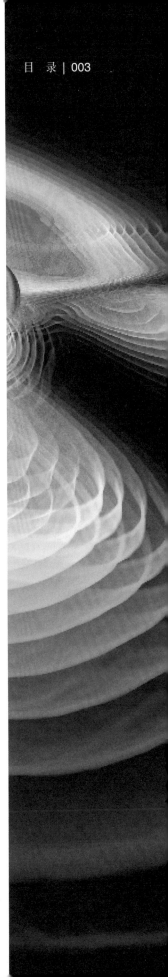

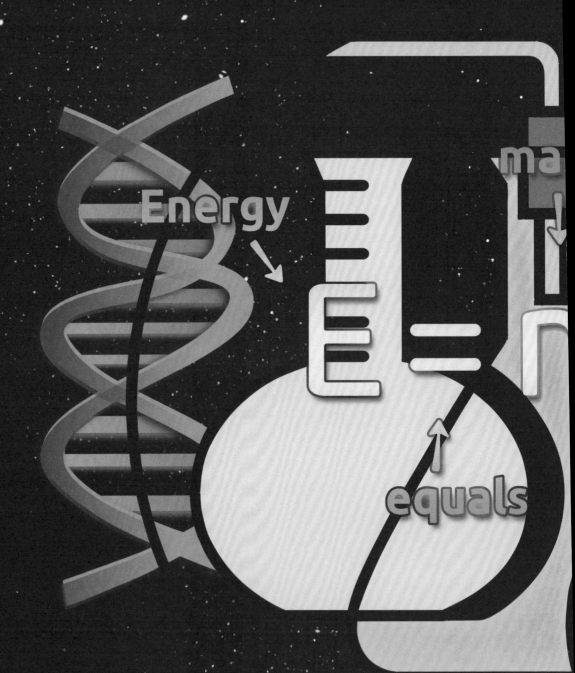

第一章 世纪之交的盛会带来了什么？

——狭义相对论

- 从开尔文的致辞说起
- 爱因斯坦眼中的时间与空间
- 时间怎么不一样？
- 长度怎么变化了？
- 一点质量为什么能量无比？

假如有一对双胞胎兄弟，其中小双一直生活于地球，大双则乘坐宇宙飞船到外星球旅行，当大双返回地球时，人们发现大双比小双年轻很多。这可能吗？

1. 从开尔文的致辞说起

19世纪末，以经典力学、热力学、电磁场理论为主要内容的物理学已经形成了完整的科学体系，自然界中几乎所有的物理现象都可以从中得到相对应的理论基础。为庆祝20世纪的到来，在1900年英国皇家学会的新年庆祝会上，欧洲著名的科学家欢聚一堂。享有"开尔文男爵"称号的著名物理学家威廉·汤姆孙（William Thomson，1824—1907）在会上回顾了物理学所取得的伟大成绩，他充满自信地宣称："物理大厦已经基本建成，未来的物理学家只需要做一些修修补补的工作就可以了。"但他在展望新世纪物理学前景时，却若有所思地说道："美丽而晴朗的天空中有两朵小小的、令人不安的乌云。"人们万万没有想到的是，正是这"两朵小乌云"打开了物理世界的一片新天地。其中一朵乌云与黑体辐射有关，对它的研究催生了量子理论；而另一朵乌云与光速有关，这朵乌云的散尽，迎来的则是相对论的曙光。

绝对的时空观

任何物体的运动都不能脱离时间和空间而超然存在，因此，时间和空间的概念在物理学中是极为根本和重要的。那什么是时间？什么是空间？20世纪以前的经典物理学认为，时间和空间与运动着的物质是无关的，它们是先验地存在于人的意识之中的。从古至今，人们根据日常活动中的亲身体验，不知不觉地将时间和空间的概念绝对化了，并在我们头脑中根深蒂固。我国唐代诗人李白（701—762）在《春夜宴从弟桃花园序》（图1-1）中写道："夫天地者，万物之逆旅也；光阴者，百代之过客也。"这是他对绝对时间和绝对空间的形象比喻，也表达了人们对时间和空间的普遍理解。

图1-1 《春夜宴从弟桃花园序》

英国科学家牛顿在巨著《自然哲学的数学原理》中表达了他的观点："绝对的、真正的以及数学的时间自己流逝着，并由于它的本性而均匀地、与任何外界对象无关地流逝着。""绝对空间，就其本性而言，与外界任何事物无关，而永远是相同的和不动的。"牛顿道出了时间和空间的绝对性，它们与任何物质的运动无关，也与观察者的运动状态无关。根据时间的绝对性，"同时"的概念是绝对的，时间发展的顺序也是绝对的。同样，根据空间的绝对性，我们在测一段距离的长度时，无论是在地面测量，还是在运动的列车上测量，总认为其测量结果是相同的。

科学家画廊

图1-2　牛顿

牛顿（Isaac Newton，1643—1727）　英国伟大的物理学家、数学家、天文学家、自然哲学家和炼金术士、爵士、英国皇家学会会长。在力学上，牛顿提出了万有引力和牛顿三大运动定律，阐明了动量和角动量的原理；在光学上，他发明了反射望远镜，发展出了光的色散理论；在热学上，他系统地表述了冷却定律。在数学上，牛顿分享了发展出微积分学的荣誉，建立了广义二项式定理，并为幂级数的研究做出贡献。

经典相对性原理

随着社会与科学的发展，人们对时空的认识不断深入。古希腊著名的科学家亚里士多德（Aristotle，前384—前322）是最早对时空进行系统研究的人，他认为地球是宇宙的中心。后由托勒密（Ptolemy，约90—168）将亚里士多德的理论进一步发展成"地心说"（图1-3）。16世纪，哥白尼提出地球绕太阳运行，太阳是宇宙的中心（图1-4），打破了"地心说"1 000多年的统治地位，经典物理正是从否定亚里士多德的时空观开始的。维护"亚里士多德-托勒密"体系的人强硬地反驳道："如果地球是运动的，为什么地面上的人却没有一点感觉呢？"

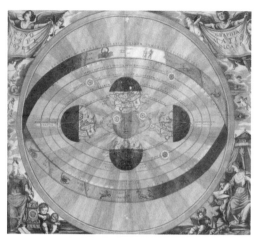

图1-3 "地心说"体系   图1-4 "日心说"体系

　　伽利略对时空做了进一步研究，1632年，在《关于托勒密和哥白尼两大世界体系的对话》（图1-5）中对上述问题进行了回答，提出了相对性原理（relativity principle）。他这样告诉我们：把你和几位朋友关进一条大船甲板下的船舱中，同时带着几只苍蝇、蝴蝶和其他小飞虫，舱内放一个水桶，里面有几条鱼。然后，将一个水瓶挂起来，让水一滴一滴地滴进下面一个瓶子里。船静止不动时，你可以观察到这些小飞虫都以不同的速度向舱内各个方向飞行，鱼向不同方向游动，水滴进下面的瓶中，你把任何东西扔给你朋友时，只要距离相等，朝不同方向所需的力量相同。你立定跳远，无论向哪个方向跳过的距离都相等。当你仔细观察上述事情之后，再使船以任何速度平稳地匀速前进，你将看不出上述现象有任何变化，你也无法从其中任何一个现象来确定船是运动的还是停止不动的。

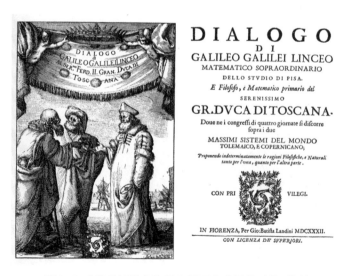

图1-5 《关于托勒密和哥白尼两大世界体系的对话》

　　伽利略大船道出了物理学的相对性原理，即力学规律在一切惯性参考系中都是相同的。也就是说，在惯性参考系内进行的任何力学实验都不能判断这个惯性系是静止的还是做匀速直线运动的。

图1-6　伽利略

　　伽利略（Galileo Galilei，1564—1642）　意大利伟大的数学家、物理学家、天文学家，科学革命的先驱。他以系统的实验和观察推翻了纯属思辨传统的自然观，开创了以实验事实为根据并具有严密逻辑体系的近代科学。伽利略从实验中总结出自由落体定律、惯性定律和伽利略相对性原理等，从而推翻了亚里士多德的许多臆断，宣告了"地心说"的破产，动摇了教会的最高权威，也因此遭到了罗马教会的审判，受到了长期的监禁。

光速不变原理

　　19世纪中期，麦克斯韦创立了完整的电磁理论，他计算出电磁波在真空中的传播速度约为 3×10^8 m/s，与光速 c 相同。但问题出现了，麦克斯韦电磁理论是相对于哪个参考系而言的呢？如果它相对于参考系 O 为光速 c，那在另一相对于 O 以速度 v 运动的参考系 O' 中，光速就应该是 $c-v$（图1-7），事实是这样的吗？

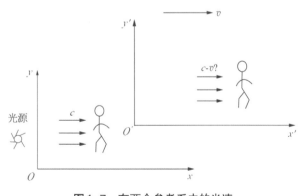

图1-7　在两个参考系中的光速

　　超新星的爆发是一种恒星的爆发，爆发时，星体的亮度突然成千上万倍地增加，其喷发物逐渐扩大形成星云。1731年，英国一位天文学爱好者用望远镜在夜空的金牛星上发现了一团云雾状的星云,因外形像一只螃蟹,称为"蟹状星云"。后来的观测表明,这只"螃蟹"在不断地膨胀(图1-8),已知它的膨胀速度以及到地球的距离,人们利用伽利略速度变换式,得出蟹状星云爆发射出的强光将陆续到达地球,持续时间约为50年。但史书记载其爆发时间却不到2年,这说明计算结果与实际不符,光的传播并不遵循伽利略速度变换公式。

图1-8 蟹状星云

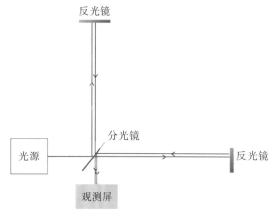

图1-9 迈克耳孙-莫雷实验

许多物理学家也通过天文观测和实验研究了这一问题,其中,1887年的迈克耳孙-莫雷实验最为著名。迈克耳孙(Albert Abrahan Michelson, 1852—1931)和莫雷(Moller Edward Williams, 1838—1923)希望利用迈克耳孙干涉仪测量两条垂直光束的光速差(图1-9),来验证以太说。"以太"存在的意义不仅在于它是光传播的介质,更在于由它可认定绝对的静止参考系的存在。但多次精密的实验后，都得到"零"的结果，并没有预计的光速差，从而否定了以太说。除此之外的实验和观测都表明了光速不变原理（principle of constancy of light velocity）：无论光源和观察者做怎样的运动，光速都是恒定的 c，与参考系无关。可见，光和电磁波的运动不服从宏观低速物体遵循的相对性原理。

两个基本假设

爱因斯坦曾思考，如果观察者以光速追随另一束光运动，那我们将看到，这束光就像是在空间振荡而停止不前的电磁场。这个悖论让爱因斯坦感到惊讶，但他当时没意识到，悖论中包含有相对论的萌芽。

科学家画廊

图1-10　爱因斯坦

爱因斯坦（Albert Einstein，1879—1955）　物理学家。他于1879年出生于德国的一个犹太人家庭。1900年毕业于苏黎世工业大学，入瑞士籍。1905年，获苏黎世大学哲学博士学位，同年，创立狭义相对论。1915年创立广义相对论。爱因斯坦提出光子假设，成功解释了光电效应，因此获得1921年诺贝尔物理学奖。爱因斯坦的质能方程为核能的开发利用奠定了理论基础，开创了现代科学的新纪元。1999年12月26日，爱因斯坦被美国《时代周刊》评选为"世纪伟人"。

爱因斯坦进入大学后，研究了光现象和电磁现象与观察者运动的关系，企图修正麦克斯韦方程，但他没有成功。他认为要想协调麦克斯韦理论和相对性原理，不改变传统的时间观念是不行的，因此，他提出了狭义相对论的两个基本假设。第一个假设是狭义相对性原理（principle of special relativity），指出在不同的惯性参考系中，一切物理规律都是相同的，也就是说，在一切惯性参考系中，物理定律的数学形式完全相同。第二个假设是光速不变原理，即真空中的光速（$c \approx 3 \times$

10^8 m/s)在不同的惯性参考系中都是相同的,它与光源和观察者间的相对运动是没有关系的。

爱因斯坦在两个基本假设的基础上,于1905年完成了科学史上不朽的篇章《论动体的电动力学》,同时宣告了狭义相对论的诞生,从根本上对经典的时空观进行了改革,拉开了现代物理学的序幕。

 趣闻插播

　　世界物理年:1905年是科学史上尤为特殊的一年,当时年仅26岁的天才物理学家爱因斯坦先后在德国《物理年鉴》杂志上发表了5篇具有跨时代意义的论文,提出了光量子理论、分子运动论和狭义相对论等,彻底改变了传统的物理学,这一年被称为"奇迹年"。为了纪念科学史上这一重大事件100周年,联合国大会通过决议,将2005年定为"世界物理年"的决定,这一年也恰逢爱因斯坦逝世50周年。

图1-11　"世界物理年"标志

2. 爱因斯坦眼中的时间与空间

夕阳西下，夜幕来临，昏暗的城市在一瞬间点亮了万家灯火。此番场景，在我们生活中再常见不过了，但如果在超高速的飞船中俯视地面，还会是这样的吗？让我们一起来看看爱因斯坦眼中的时间与空间。

同时的相对性

同时性是时间概念的基础，我们将通过一个与光速不变有关的"理想实验"来讨论同时性。假设一列在平直的轨道上以高速v做匀速直线运动的列车，在车厢的中央有一个光源，光传播到达车厢的前壁和后壁，这是两个事件（图1-12）。车厢里面的人以车厢为参考系，认为光传播的路程和速度都相同，因此这两个事件是同时发生的。

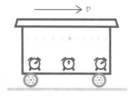

图1-12 在车厢内观察

但是车厢外的人反驳他说，如果我以地面为参考系，由于光速不变，但是闪光在传播过程中，列车也前进了一段距离，那闪光向前传播的距离就要长一些，到达前壁的时间就要晚一些，所以光先到达后壁再到达前壁，这两个事件不是同时发生的（图1-13）。如果以自己为参考系，沿着物体运动方向，位置靠后的事件先发生。

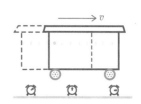

图1-13 在车厢外观察

其实他们的说法都没有错，只是所选的参考系不同。在一个参考系中同时发生的两个事件，在另一个参考系中却不同时发生，因此，"同时"是相对的。同时性的相对性（relativity of simultaneity）是理解狭义相对性的关键。并且，车厢相对于地面的速度越大，地面的观察者所观察的时间间隔就越长，即对于不同的参考系，同样的两件事之间的时间间隔是不同的。也就是说，时间的测量结果与参考系的速度有关，时间的测量也是相对的。既然"同时"是相对的，那为什么我们在日常生活中没有察觉这种相对性呢？那是因为列车的速度远小于光速，光到达前后壁是瞬间的，这个时间差几乎可以忽略。

3. 时间怎么不一样?

在19世纪牛顿运动定律的基础上建立的经典的时间观指出了时间的不变性,人们可以通过实验证明牛顿理论在低速情况下的正确性,但当物体以极快速度运动时,情况就会有所不同,时间怎么不一样了?

时间膨胀

在高速运动的列车上看钟,和在地面上看列车上的钟是一样的吗?为了得出时间的测量与参考系之间的关系,我们可以做一个理想实验。同样还是那辆在平直的轨道上做匀速直线运动的列车,假设列车底部有一光源,光沿竖直方向直线传播到顶部的镜子上,再反射回底部(图1-14)。列车里面的人认为,这个事件所用的时间为 Δt_0。

图1-14 在车厢内观察

而地面上的人认为,光是沿斜线传播的(图1-15),由于光速不变原理,就得到了不同的时间间隔。光速 c 是绝对速度,列车的速度 v 是牵连速度,而相对于列车的速度就为 $\sqrt{c^2 - v^2}$,计算这个事件所花的时间,即 $\Delta t = \dfrac{h}{\sqrt{c^2 - v^2}}$。再比较这两个时间的关系得到:

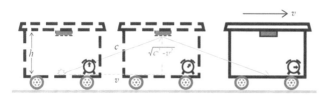

图1-15 在地面上观察

$$\Delta t = \frac{\Delta t_0}{\sqrt{1 - \left(\dfrac{v}{c}\right)^2}}$$

这两个时间的大小关系为 $\Delta t > \Delta t_0$。我们可以想象,飞船上有一个表,在航天员看来,指针走过一格所用的时间为 Δt_0,地面上的人认为指针走过一格的时间为 Δt,且 $\Delta t > \Delta t_0$。因此,从地面观察飞船上的时间进程比地面上的时间进程慢,这意味着时钟慢了,物理过程慢了,新陈代谢也慢了,什么都慢了。而飞船上的人却没有这种感觉,他们反倒认为地面上的时间进程比飞船上的更慢，因为地面相对于他们是以相反的速度运动的，这就是时间膨胀效应（time dilation effect）。

运动与寿命

如图1-16所示是相对速度和时间膨胀现象的关系图，可以看出，相对速度越大，时间膨胀现象就越明显。例如，当飞船的速度为$v=0.999\,8c$时，飞船中过1 s，地球上已经过了50 s。

来看本章开篇提及的双生子佯谬（twin paradox）（图1-17），即若有一对孪生兄弟，在他们20岁时，甲乘坐宇宙飞船以速度$v=0.999\,8c$做太空飞行。留在地面上的乙看到甲高速飞行，因此，在他看来，甲的时间变慢了，新陈代谢变慢了，心跳变慢了，什么都变慢了。虽然甲认为自己的飞行时间只有一年，在他返回地球时却发现乙成了70岁的老人，而自己只有21岁，即甲比乙年轻很多。如果我们换个角度考虑，对于乘坐飞船的甲来说，甲在飞船上静止不动，他看到乙以速度v向反方向运动，在乙飞离甲一年后两人会面，乙只有21岁，甲却成了70岁的老人，此时乙比甲年轻很多。从不同角度分析的结果不同，且相互矛盾，因此，这个著名的思想实验也被称为"双生子佯谬"。究竟甲、乙谁更年轻？还是两人仍然同岁呢？这里我们需要注意，兄弟俩要重逢，甲就必须回到地面，他将经历飞船启动、调头、减速三段过程，因此，感觉到有加速度的那个人必定是在运动的人，也将是更年轻的那个人。

v（m/s）	Δt（s）
● $0.1c=3\times10^7$	● 1.01
● $0.5c$	● 1.15
● $0.8c$	● 1.67
● $0.9c$	● 2.29
● $0.99c$	● 7.1
● $0.999c$	● 22.4
● $0.999\,8c$	● 50

图1-16　速度和时间的关系

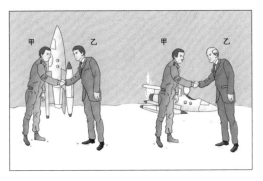

图1-17　双生子佯谬

实验验证

时间膨胀效应首先在宇宙射线中被观测到。其中，宇宙射线中有一种粒子叫μ子，它在低速运动时的平均寿命只有3.0 μs，生成之后很快就衰变成其他粒子，但当它以0.99c甚至是更高的速度飞行时，将飞行较长的时间和距离才会衰变，因此，在地面附近观测的μ子数量大于经典理论的预测，这可以用时间膨胀理论很好地解释。1941年，美国科学家在不同高度统计了宇宙射线中μ子的数量，结果与时间膨胀的预测完全一致。

图1-18 飞机运载铯原子钟绕地飞行

1971年，科学家再次利用两套十分精确的标准钟——铯原子钟对时间膨胀效应进行了实验验证，这也是相对论的第一次宏观验证。在地面上将4只铯原子钟与基准钟校准为同步，分别由两架喷气式飞机运载并作环球飞行（图1-18），两架飞机在赤道平面附近高度分别向西和向东绕地球一周后返回地面，再将4只铯原子钟与一直静止在地面的基准钟对照，发现在误差范围内，实验结果与理论计算能很好地符合，从而再次证实了时间膨胀现象。

趣闻插播

  生命在于"运动"：根据时间膨胀效应，运动可以让时间变慢，那能利用绕地飞行的方法来延年益寿吗？假若可行，根据飞机绕地球飞行的速度，想要延长1 s寿命需要绕地球飞行几百万圈，所花时间约数万年。也就是说，我们花一辈子的时间乘坐飞机绕地飞行，都不能延长1 s的寿命。所以，想要在相对论上找到长寿的方法是不可行的，倒不如"每天锻炼一小时，健康生活一辈子"！

图1-19 乘飞机绕地飞行

4 长度怎么变化了？

"宇宙大爆炸"理论的创始人之一，同时也是著名的科普作家伽莫夫在《物理世界奇遇记》中描述了主人公汤普金斯先生来到一座奇特的城市，这座城市的光速很小，当汤普金斯骑自行车以高速穿行在街道时，他看到周围的建筑和人物都变扁了（图1-20）。真的会这样吗，长度怎么就变化了？

图1-20　物理世界奇遇记*

在经典物理中，一条木杆的长度不会因为它与观察者之间是否有相对运动而不同。那在相对论中也是这样认为的吗？假设杆AB固定在高速运动的列车上（图1-21），列车上的观察者认为杆是静止的，他可以利用固定在列车上的刻度尺，分别读出首尾A、B的坐标位置，例如5 cm和61 cm，A、B读数之差就是杆的长度l_0=56 cm。此时，地面的观察者又发话了，说"虽

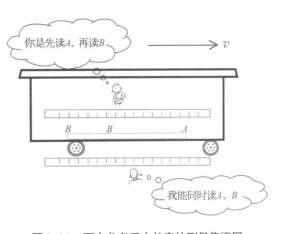

图1-21　两个参考系中长度的测量值不同

---

* 建议读者看看《物理世界奇遇记》，思考作者描述的情境是否符合相对论，为什么？

然我和列车有相对运动，但只要我同时读出 A、B 的示数，也能测出杆的长度"。他可以做到吗？

尽管地面的观察者认为自己能同时读出 A、B 的示数，但由于同时的相对性，车上的观察者认为他的读数是不同时的。并且，车上的人以自己为参考系，认为车厢外的人是在向后运动，而沿着运动方向，靠后的事件先发生，他认为地面上的人是先读出 A 的位置，再读出 B 的位置。而在这期间，B 会随着列车向前运动一段距离，例如 5 cm 和 55 cm，所以，车上的人认为车厢外的观察者测得的杆长 l=50 cm 比自己所测得的短。

科学家通过严格的数学推导得出，与杆相对静止的观察者测得的杆长为 l_0，与杆相对运动的观察者测得的杆长为 l，l_0 与 l 之间的关系为：

$$l = l_0 \sqrt{1 - \left(\frac{v}{c}\right)^2}$$

由于 $l < l_0$，即与杆相对运动的人测得杆的长度 l，总小于与杆相对静止的人测得的长度 l_0，这就是相对论中的长度收缩效应（length contraction effect）。这里需要注意，长度收缩效应只发生在相对运动的方向上，如相对运动沿 x 轴方向，那么在 y 轴方向上不会发生长度收缩效应。我们可以想象，如果列车从我们旁边呼啸而过，我们会感觉车厢变短了，车窗变窄了，并且列车越快，这种现象越明显，但列车和车窗的高度却没变（图1-22），不过由于列车速度远小于光速，长度缩短效应太小，实际上感觉不到。

图1-22 飞驰的高速列车

工具箱

以太：亚里士多德所假想的一种奇幻物质，被称为"第五元素"。19世纪的物理学家认为它是曾被假想的一种电磁波的传播媒质。假定"以太"的存在，可以使很多物理现象得到更简单的解释。但在狭义相对论确定以后，它被物理学家们所抛弃，而以太假说仍然在我们生活中留下了痕迹，如以太网等。

长度收缩假说：洛伦兹认为，相对于"以太"运动的物体，在运动方向上的长度将会产生收缩，并于1895年发表长度收缩公式。虽然洛伦兹最早推导出长度收缩公式，但是其理论的出发点是错误的。1905年，爱因斯坦提出狭义相对论，正式否定了"以太"概念，指出光速不变性，并根据其相对性原理，从新的时空理论出发，得出长度收缩效应的公式。

5. 一点质量为什么能量无比？

根据牛顿力学，物体的质量是不变的，如果有一定的力作用在物体上，它的加速度是恒定的，那经过足够长的时间，它就能到达任意速度，甚至超过光速，这有可能吗？这个矛盾引发了科学家们的思考。

相对论质量

与经典力学不同，根据狭义相对论的预言，物体的质量依赖于物体的速度。运动物体速度为 v 时的质量 m 与物体静止时的质量 m_0 有以下的关系：

$$m = \frac{m_0}{\sqrt{1 - \left(\dfrac{v}{c}\right)^2}}$$

当 $v=0$ 时，$m=m_0$，因此，m_0 为物体静止时的质量，称为静止质量，对于同一物体，m_0 是一定的。m 又称为物体的惯性质量，或称为相对论质量（relativistic mass），由于 v 不能达到光速 c，因此，物体运动时的惯性质量大于静止质量。在速度较小时，m 和 m_0 近似相等，理论上，当物体速度接近光速时，它的质量趋于无限大。但即使物体的速度高达罕见的 $0.1c$ 时，物体的质量也只不过增加了它静止质量的 0.5%。所以在常规技术，甚至是航天技术中，都可以认为物体的质量是不变的。

质能方程

静止质量的发现是相对论的一个重要结果，在经典力学中，物体的质量与它的运动状态无关，并没有静止质量的概念。但是物体的能量（动能）与它的运动状态有关，能量和质量是两个相互独立的概念。而在相对论中，结论完全不同，物体的质量 m 与

它所具有的能量 E 之间存在确定的关系：$E=mc^2$，这就是我们熟知的爱因斯坦质能方程（mass energy equation）。

与静止质量对应的能量称为静止能量，为 $E_0=m_0c^2$。物体运动时的质量不同，它包含的能量也就不同，与静止能量相比较，增加的部分就是物体的动能，即 $E_k=E-E_0$。当 v 远远小于 c 时，物体的动能为 $R_{\mu\nu}-\frac{1}{2}Rg_{\mu\nu}+\Lambda g_{\mu\nu}=\frac{8\pi G}{c^4}T_{\mu\nu}$，这就是我们熟悉的动能表达式，也让我们看出，牛顿力学是相对力学在低速情况下的特例（图 1-23）。

图 1-23　牛顿力学和相对论

当初爱因斯坦写下质能方程时，并没有实验证据的支撑，但他坚信其正确性，并预言可以用能量高度可变的物体（如具有放射性的镭盐）来验证这一理论。在约 30 年以后，科学家不仅在放射性现象中，还在原子核反应的实验中都证实了爱因斯坦的预言，同时也开启了人们利用核能的大门。

原子弹

爱因斯坦的质能方程促进了原子弹理论的成形。在爱因斯坦预言的基础上，科学家发现铀核在中子的轰击下可以分裂成两个轻核（图 1-24），分裂后产物的质量比原来的铀核的质量减少了，根据质能方程，质量亏损伴随着能量的释放，即裂变能，这一理论也导致了原子弹的诞生。

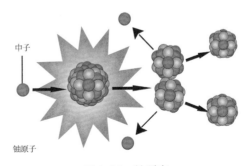

图 1-24　铀裂变

图1-25　原子弹爆炸

在第二次世界大战中，德国纳粹企图研制并在战争中使用原子弹。此举引起了英、美等盟国领导人和科学家们的极大恐慌，因为他们知道，如果德国拥有当时绝无仅有的核武器，希特勒就能统治世界或毁灭世界，人类将面临史无前例的灾难。为了抢在德国之前赶制出第一颗原子弹，1939年，流亡美国的德国物理学家爱因斯坦上书美国总统罗斯福，请美国当局注意来自德国法西斯并正在日益逼近的原子弹威胁。罗斯福采纳了爱因斯坦的建议，组织制订了著名的"曼哈顿计划"，命令全力以赴研制原子弹。该工程集中了当时西方国家（除纳粹德国外）最优秀的核科学家，动员了10万多人参加这一工程，历时3年，耗资20亿美元。1945年7月16日，第一颗原子弹在美国新墨西哥州空军基地的沙漠地区爆炸成功（图1-25），其威力相当于1 500～2 000 t TNT炸药。这标志着当今世界已进入核武器时代。

　趣闻插播

超出想象的威力：1945年7月初，美国已制造完成3颗原子弹，分别命名为"瘦子""胖子"和"小男孩"。在阿拉莫戈多沙漠，代号为"复活日"的原子弹爆炸试验在一座高达30 m的铁架上完成，大卡车上装有第一次核试验使用的原子弹"瘦子"。7月15日，美国的核

图1-26　原子弹"瘦子"

试验人员把核裂变物质放在"瘦子"的肚子里。7月16日凌晨，"瘦子"轰然炸响，"蘑菇云"腾空而起，爆炸核心的铁塔也因高温在瞬间蒸发得无影无踪。这次爆炸超出了现场所有人的想象，以至于整个美国西南部都感到了爆炸的震撼。为了隐瞒真相，美国谎称阿拉莫戈多军事基地的弹药库发生了爆炸。

然而，原子弹一旦制造出来，如何使用它，就不是由科学家而是由政治家说了算了。1945年8月上旬，美国在广岛、长崎投下两颗原子弹，瞬间夺去了10余万人的生命，迫使日本天皇打破其垂死挣扎的梦想，作出了投降的决定。虽然原子弹的威力使第二次世界大战得以提前结束，但核战争带给人类的灾难远远还未结束（图1-27）：幸存者严重的烧伤、双目失明、

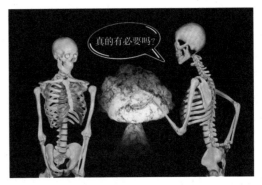

图1-27　原子弹极具危害性

畸形儿、白血病、罕见肿瘤等。它不仅给人类带来了巨大的伤害，还给生态环境造成了极其严重的破坏。作为推动美国原子弹研究的第一人，爱因斯坦利用一切机会呼吁美国不要把科学家的发明变成杀人武器，并号召全世界科学家团结起来反抗核战争。

 趣闻插播

　　趣味调侃相对论：了解了狭义相对论的一些基本内容，可以感受到相对论的时空观念与人们固有的时空观念有很大差别。人们都称赞爱因斯坦伟大，但又常常弄不懂这伟大的理论。英国诗人波谱曾这样歌颂牛顿，自然界和自然界的规律隐藏在黑暗中，上帝说："让牛顿去吧！"于是一切都成为光明。后人续写道，上帝说完之后，魔鬼说："让爱因斯坦去吧！"于是一切又回到黑暗中。

参考文献

［1］刘佑昌.相对论并不神秘［M］.北京：清华大学出版社，2012.

［2］弗里奇.改变世界的方程［M］.刑志忠，译.上海：上海科技教育出版社，2011.

［3］徐旭昭，黄微波.和中学生谈谈相对论［M］.广州：广东教育出版社，1986.

［4］比尔克.$E=mc^2$：相对论入门［M］.陈慧，译.上海：百家出版社，2001.

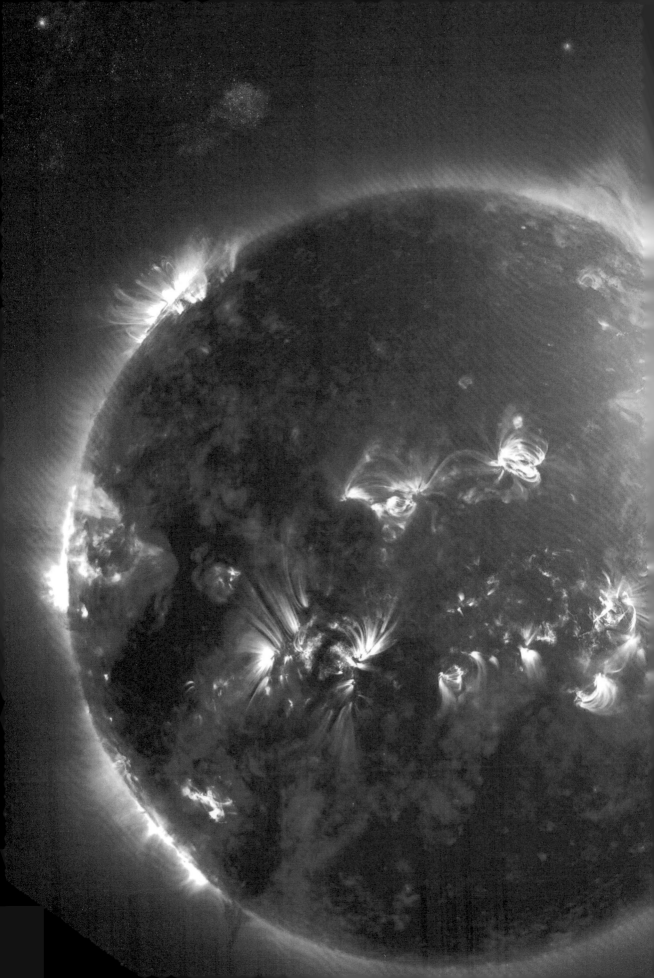

第二章 宇宙有深"阱"吗？

- 大千世界的"引力场"
- 时空可以弯曲吗？
- 爱因斯坦期待的证据
- 从牛顿到爱因斯坦的变革

"对不起，牛顿。"爱因斯坦曾经幽默地说。这两位伟大的物理学家究竟怎么啦？让我们从苹果落地说起。苹果下落看似是一种随处可见的自然现象，但是爱思考的牛顿却发现了万有引力定律，解释了苹果下落的秘诀。直到爱因斯坦的相对论的出现，人们才从经典力学的局限中走出。

大千世界的"引力场"

太阳系中大大小小的天体为什么能如此和谐地绕着太阳运转？而太阳就像具有某种超能力，可以束缚这么多的行星。这种看似神秘的超能力究竟是怎么回事呢？这就要从我们看似熟悉实则陌生的万有引力说起。

引力场

万有引力与电场力竟是如此惊人地相似！这两个力就像会施加魔法一样，在不接触的情况下就可以对物体施加作用。其次，比较一下两者的公式，就像是同卵双生。但是请仔细回忆，它们重要的区别到底在哪里？其实我们已经拆穿了电场力的把戏，它的魔术可以成功的关键在于"电场"，它正是利用了人们看不见、摸不着的电场对物体实施作用。但是万有引力呢？一种被视为神奇的"非接触力"，真的可以对物体产生超距作用吗？经过科学的检验，这并不是真的。万有引力对物体的作用就好比电场对物体的作用，它也是通过一种"场"来施加作用的，这个场就叫作"引力场"（gravitational field），用来传递物体之间万有引力的作用。你知道吗？与电场不同的是，引力场的神秘之处在于它是一个旋涡场（图2-1），并且在这个旋涡场中，任何质量的物体都会得到相同的加速度，这就是经典物理中牛顿所说的重力加速度g。引力的神秘面纱能被揭开，爱因斯坦自然是功不可没。

图2-1 旋涡场

图2-2　太阳系中强大的引力场

那引力场究竟有多强大呢？我们来想象一下太阳系。在太阳系中，为什么所有行星都绕着太阳这一颗恒星运转（图2-2）？毫无疑问，在太阳系中，太阳的质量远远大于其他行星的质量，这些行星就像被太阳束缚在其周围，而这种束缚作用就是通过引力场来作用的，由此可见，这个引力场的直径肯定大于整个太阳系的直径。能够让那么多星球"言听计从"，可见天体引力场的"球形旋涡"非常大。黑洞是一种不可见的引力场，在场中心有一个无形的点，即"黑洞奇点"。任何物体接近黑洞奇点都会被击碎。

惯性质量与引力质量

惯性质量与引力质量是两个不同的物理量，那么它们和通常所说的质量又有什么关系呢？我们知道，质量越大，物体的惯性越大，量度物体惯性的物理量即表示"物质有多少量"。根据牛顿第二定律，物体所受外力和由此得到的加速度之比，就是惯性质量。同样的，量度物体引力作用强弱的物理量，也表示"物质有多少量"，物质所含的量越多，物体之间的引力作用越强。这种反应引力作用强弱的质量就叫做引力质量。那惯性质量与引力质量究竟有怎样的关系呢？最开始，牛顿用单摆实

图2-3 厄缶扭秤实验装置图

验来检测两者是否有差异,实验的结果就是牛顿在千分之一的精度范围内证明了引力质量与惯性质量相等。后来又有物理学家用更精确的实验来证实两者相等。1889年,匈牙利物理学家厄缶用极其灵敏的扭秤实验(图2-3)以10^{-8}的精度直接证实,对于可以在实验室里测量的物体,其惯性质量与引力质量等价。所以后来就不再区分两者,把惯性质量与引力质量统一,也就是我们今天所说的质量。惯性质量与引力质量等价的事实,后来成为广义相对论中的重要依据。

科学家画廊

图2-4 厄缶

厄缶(Baron Loránd Eötvös de Vásárosnamény, 1848—1919) 匈牙利物理学家,是继米歇尔(J. Michell)、卡文迪许(H. Cavendish)和库仑(C.A. de Coulomb)以后研究使用扭秤的人。其扭秤实验的实验结果为爱因斯坦的广义相对论提供了依据。厄缶还研究过地球物理勘探中的地磁异常问题,并首次提出在均匀磁化的条件下,由重力异常推导磁力异常的公式。

等效原理

我们来想象这样一件事情。假如现在有一艘封闭的宇宙飞船,和外界没有任何联系,你就是这艘飞船里的航天员。你发现在这艘飞船中,任何没有支撑的物体都以某一加速度落向舱底。这是为什么呢?其实这种现象在两种完全不同的情境下都可以发生。第一种情况,飞船飞到了某个星球的表面,小憩了一会儿,静止地停留在星球表面,那么整个宇宙飞船都是在这个星球的引力场中,没有支撑的物体自然会由于引力场的作用而下落。当然还存在另外一种情况,若在遥远的宇宙深处,在那里没有引力，飞船正匀加速向上飞行，那么反过来看宇宙飞船中无支撑的物体，则是以一定的加速度向下运动。同样一件事情，在两种不同情境的参考系下都可以发生，换言之，就意味着这两种情境本身就是等效的。这就是广义相对论中的等效原理（equivalence principle），即一个惯性参考系中均匀的引力场与一个做匀加速运动的非惯性参考系等效。"爱因斯坦电梯"（图2-5）是爱因斯坦设想的一种在远离任何物质空间区域里做匀加速直线运动的升降机，也可以置其于引力场中自由下落。电梯中的物体都处于失重状态。

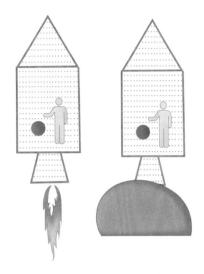

图2-5　"爱因斯坦电梯"

广义相对原理

匀加速运动参考系——此刻你是否感到既陌生又熟悉？"小小竹排江中游，巍巍青山两岸走"，通常我们都习惯了选用大地或者静止的物体作为参照物来研究运动，因为这样对物体运动的描述相对简单一些，这就是我们熟悉的惯性系。如果一个物体是在做匀加速直线运动，同样可以选用它来作为参考系描述其他物体的运动状态，我们把这种相对某惯性参考系作非匀速直线运动的参考系叫做非惯性参考系。在任何参考系中，物理规律的表达式都是相同的，这就是广义相对原理。换言之，所有的参考系都是平权的。

广义相对性原理是在什么背景下提出来的呢？首先，爱因斯坦认为不存在绝对时间和绝对空间。如此一来，原来关于惯性系的定义就不能用了，而狭义相对论正是建立在惯性系的基础上的，现在惯性系无法定义了，狭义相对论的大楼就犹如建立在流沙上一样。此外，万有引力定律始终无法纳进相对论的框架。在对上述两个问题进行反复思考后，爱因斯坦的思想产生了一次质的飞跃。既然无法定义，那就干脆不要"惯性系"这个概念，于是他将相对性原理推广，认为物理规律的表达式在所有的参考系中都相同，不再区分惯性系和非惯性系。

马赫原理

是否所有的力都起源于相互作用呢？不要忘了，惯性力是例外的，它是不满足牛顿第三定律的，也就是说，惯性力没有反作用力。牛顿认为这是由于"绝对空间"的存在，当一个物体相对于这个空间加速的时候就会受到惯性力。牛顿是在绝对空间存在的前提下解释的惯性力。牛顿为了论证绝对空间的存在，设计了一个思想实验——水桶实验，他认为所有的匀速直线运动都是相对的，也就是说，我们不可能通过速度来感知绝对空间的存在。但牛顿坚信：转动是绝对的，或者说加速运动是绝对的。一个装有水的桶，最初桶和水都静止，水面是平的，如图2-6（a）所示，然后让桶以角速度ω转动。刚开始的时候，桶里的水并没有被桶带动，这时候只是桶转，水并没有转，那么水面仍然是平的，如图2-6（b）所示。不久，水就会被桶带动而转起来，直到以与桶相同的角速度ω转动，水面就是凹形的，如图2-6（c）所示。最后，让桶突然静止，水仍以角速度ω转动，水面仍是凹形的，如图2-6（d）所示。

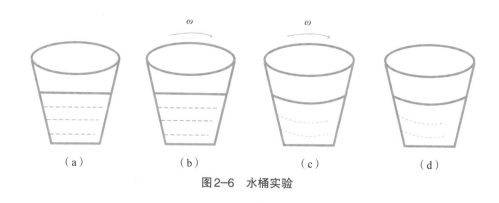

图2-6　水桶实验

在图（a）和（c）两种情况下，水相对于桶都静止，但图（a）情况下水面是平的，而图（c）情况下，水面是凹的。在图（b）和（d）两种情况下，水相对于桶都转动，但图（b）情况下水面是平的，而图（d）情况下水面是凹的。也就是说，水与桶的相对转动不影响水面的形状，两者是没有关系的。水面呈现凹形是由于受到惯性离心力作用的结果。那就意味着惯性离心力与水相对于桶的转动无关。那惯性离心力的出现与什么有关呢？牛顿认为，这与绝对空间有关。惯性离心力产生于水对绝对空间的转动。牛顿认为，转动是绝对的，只有相对于绝对空间的转动才是真转动，才会产生惯性离心力。推而广之，加速运动是绝对的，只有相对于绝对空间的加速才是真加速，才会受到惯性力。通过水桶实验，牛顿论证了绝对空间的存在。

后来，奥地利有一位敢于批判的科学家恩斯特·马赫（Ernst Mach，1838—1916），他认为所有的运动都是相对的，根本不存在绝对空间和绝对运动，为此，马赫也阐述了对水桶实验的见解。他认为，产生惯性离心力是水相对于全宇宙物质（遥远星系）转动的结果，也就是全宇宙的物质在相对于水转动的时候与水相互作用，从而水就受到了惯性离心力。随后，马赫论述了惯性力的起源。他认为，惯性力起源于动，起源于做相对加速运动的物质间的相互作用。我们通常所说的受到惯性力的加速物体，是由于它相对于宇宙中的所有物质加速，这相当于该物体不动，整个宇宙的物质相对于它做反向加速。全宇宙的物质通过这种加速共同对该物体施加了作用，这种作用就是惯性力。反过来，该物体也对全宇宙物质施加了作用，但该物体的质量与全宇宙物质相比太小了，所以相应的作用根本看不出来。爱因斯坦赞成马赫的观点，认为不存在绝对空间，所有的运动都是相对的，为了纪念马赫的这一思想，爱因斯坦将其思想总结升华并称为马赫原理（Mach principle）。按照这一原理，惯性力起源于受力物体相对于宇宙中其他物质的加速，正是这种"相对加速"使受力物体与宇宙中的其他物质产生了相互作用，这种相互作用就表现为惯性力。

 工具箱

　　超距作用：超距作用（action at a distance）是物理学史上出现的关于作用力及传递媒介的一种观点。这一观点认为，相隔一定距离的两个物体之间存在着直接、瞬时的相互作用，不需要任何传递媒质，也不需要任何传递时间。与之相对立的观点被称为近距作用或接触作用。
　　黑洞：黑洞是现代广义相对论中，宇宙空间内存在的一种密度无限大、体积无限小的天体。黑洞的引力很大，使得视界内的逃逸速度大于光速。黑洞是时空曲率大到连光都无法从其视界逃脱的天体。

2. 时空可以弯曲吗？

浩瀚无边的宇宙，广袤无垠的苍穹，美得令人神往，却又神秘莫测。时间与空间的初次相遇，是上演时空和谐交响曲的开端，平静的表面暗潮涌动，起起伏伏。而爱因斯坦用了整整10年为人类诠释了这支交响曲，今天，我们就一起来领略焕然一新的时空。

时空弯曲

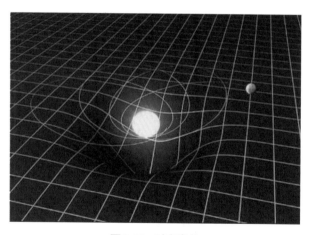

图2-7　时空弯曲

相对论中物体是在怎样的时间和空间中运动的呢？人的眼睛最多能看到三维的物体，那么再加上一维的时间，这就是相对论中的四维时空。更令人惊讶的是，这个四维时空竟是弯曲的（图2-7）！时空这张立体的大网竟然是弯曲的？是的，你没有看错。假想在你的面前有一张平直的大网悬挂在空中，现在你往这张网上放一个乒乓球，观察是否有变形，然后再放一个苹果，再放一大瓶矿泉水，再放一桶油……噢，随着质量的增加，这张网变形得越来越厉害。世界上的物体千姿百态，质量小的比如一只蚂蚁，质量大的物体比如太阳，这些大大小小的物体都在时空这张立体的大网里。它能不发生形变而弯曲吗？还记得引力场是一个球形的旋涡场吗？

引力其实就是用来描述时空曲率的，即反应时空的弯曲程度。一个区域内物质密度越大，时空的曲率也就越大。在弱引力场、时间空间弯曲很小的情况下，广义相对论的预言同牛顿万有引力定律的预言趋于一致。若引力场较强、时间空间弯曲较大，则两者有区别。

爱因斯坦方程

在广义相对论诞生前后的几个月内，爱因斯坦与希尔伯特之间产生了竞争。因为在与爱因斯坦讨论的过程中，希尔伯特对爱因斯坦的新理论也产生了兴趣，他也开始寻找场方程——"物质分布影响时空几何的引力场方程"的正确形式，但最终爱因斯坦取胜，给出了场方程的正确形式。时间空间的弯曲结构取决于物质能量密度、动量密度在时间空间中的分布，而时间空间的弯曲结构又反过来决定物体的运动轨道。那如此一来，是否牛顿运动定律就是完全错误的呢？其实，在弱引力场也就是时空弯曲很小的情况下，牛顿的万有引力定律和牛顿运动定律是与广义相对论的预言趋于一致的。若引力场较强、时间空间弯曲较大的情况下，两者是有区别的。也就是说，牛顿力学是有局限性的。虽然广义相对论是爱因斯坦一个人创造的，但是若没有希尔伯特在数学上的帮助，广义相对论的建立还要推迟一段时间。

爱因斯坦场方程：$R_{\mu\nu} - \dfrac{1}{2}Rg_{\mu\nu} + \Lambda g_{\mu\nu} = \dfrac{8\pi G}{c^4}T_{\mu\nu}$

科学家画廊

希尔伯特（David Hilbert，1862—1943） 德国著名数学家。希尔伯特领导的数学学派是19世纪末20世纪初数学界的一面旗帜，希尔伯特被称为"数学界的无冕之王"。他的主要研究内容有：不变量理论、代数数域理论、几何基础、积分方程、物理学、一般数学基础。其主要学术论著包括《希尔伯特全集》（三卷，其中包括著名的《数论报告》）《几何基础》《线性积分方程一般理论基础》等，与其他人合著的有《数学物理方法》《理论逻辑基础》《直观几何学》《数学基础》。

图2-8 希尔伯特

测地线运动

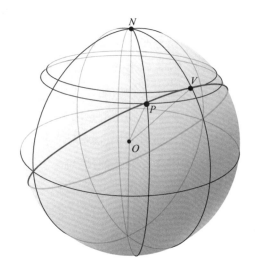

图2-9　测地线

图2-10　时空深"阱"

弯曲空间中，物体的运动轨迹又是怎样的呢？其实在弯曲空间中也有直线，不过已经不再是我们通常所说的直线，而是在弯曲空间的推广。通常所说的直线是指两点间的最短线。尽管弯曲空间中的两点间不可能画出平常意义的直线，但两点之间仍然存在最短的线。在黎曼几何中，把两点之间的最短线称为短程线或者测地线（图2-9）。短程线就是指直线在弯曲空间中的推广。在平直空间中，短程线就是我们通常所看到的直线。光和物体在这个弯曲的空间中沿着可能的"最短"路线就是测地线运动，以球面几何为例来说明弯曲空间中的几何球面上的短程线就是大圆周，用球心和球表面上的两点（即共三点）作一个平面，截出来的那个圆周——大圆周，就是短程线。例如，赤道是短程线，所有的经线都是短程线，但是除去赤道外所有的纬线都不是短程线，因为它们都不是大圆周。

引力不是一种经过空间作用在一段距离上的神秘的力，而是因为大质量的物体使空间发生了畸变。于是，时空就变成了一个深"阱"（图2-10），从树上掉下来的苹果不是因为一个力而被拉向了地球，它只不过是滚进局部时空的"阱"里。牛顿的万有引力定律就这样被爱因斯坦的相对论征服了。落体运动终究没有逃脱时空这张隐形的大网，而是按照时空中某个既定的轨道在前行。

3. 爱因斯坦期待的证据

广义相对论其理论可以说是完美无瑕，很快就得到了人们的承认，但由于我们生活在低速运动和弱引力场的地球上，牛顿引力理论已经足够完备，人们在实际生活中并不需要它。因此，广义相对论在建立后的半个世纪，并没有得到充分重视和迅速发展。直到20世纪60年代发现强引力天体（中子星）和宇宙背景辐射，广义相对论才得以蓬勃发展。广义相对论对于天体研究、宇宙的结构和演化具有重要意义。中子星的形成和结构、黑洞探测、引力波探测、大爆炸宇宙学、量子引力及大尺度的时空拓扑结构等问题的研究正在深入，广义相对论已成为物理研究的重要理论基础。

七大拼图

在广袤无垠的宇宙实验室，人们找到了广义相对论的证据，这就是爱因斯坦所期待的证据。广义相对论有7个预言，也就是七大拼图，分别包括：光线偏折、水星近日点进动、钟慢效应、引力红移、黑洞、雷达回波延迟和引力波。就在2016年，广义相对论的最后一块拼图——引力波，已被发现。

光线引力偏折

假设有这样一个空间，这个空间的引力很小可以忽略，在这样一个特定空间里，有一艘宇宙飞船在做匀加速直线运动，船内一光源垂直于运动方向射出一束光，船外静止的观察者认为这束光是沿直线传播的，但是航天员以飞船为参考系观察到的却是另外一番景象。为了记录光束在飞船中的径迹，航天员在飞船里等距离地放置了一些半透明的屏，光可以透过这些屏，同时在屏上留下光点。由于飞船在前进，光到达右边一屏的位置总会比到达左边一屏的位置更加靠近船尾。如果飞船做匀速直线运动，飞船上的观察者记录下的光的径迹仍是一条直线。但如果飞船做匀加速直线运动，在光向右传播的同时，飞船的速度也在不断地增加，因此船上观察者记录下的光的径迹是一条曲线（图2-11）。

换一种更熟悉的说法，从参考系的角度来看，光束在水平方向上是匀速直线运动，在竖直方向上相对于飞船而言则是加速度向下的匀加速直线运动。这不正

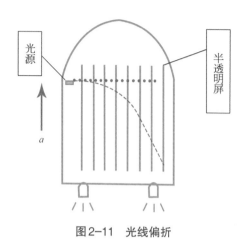

图2-11　光线偏折

图2-12　光线在引力场中偏折

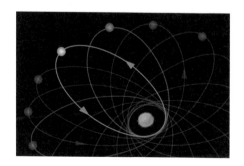

图2-13　近日点进动

是我们所学习的类平抛运动吗？其轨迹就是一段曲线。那么通过等效原理，也可以认为飞船并没有加速运动，只不过是有一个巨大的物体放在船尾，它的引力场影响了飞船内的整个物理过程。这就是光线引力偏折，看似只是一个理论推导，事实上英国的爱丁顿（Arthur Stanley Eddington）早已帮助证实了该预言。

爱丁顿从荷兰的德西特那里第一次听到爱因斯坦在柏林的工作后，他不顾当时英国和德国已经处于交战状态而前往德国，冒着生命危险去验证这一预言。1919年的一次日食，能够观察到星光从太阳近旁经过，因而可以测定光线是否发生了弯曲。在几内亚湾的普林西比岛，爱丁顿做了关于这次日食的最好记录——他验证了爱因斯坦的预言（图2-12）。

水星异常进动

牛顿力学还记得吧！一个单独绕太阳运转的行星，它的轨道应当是一个精确的闭合椭圆，并且轨道的近日点也是固定的。但事实上，水星的近日点并不是固定的。由于其他行星的引力加在一起，使水星轨道受到一个很小的附加影响，它使得轨道产生进动（图2-13），亦即近日点随着时间逐渐"前移"，在300万年内移动一周。但是，除了引力影响外，还有一个完全解释不了的附加进动——称为"异常进动"。根据天文学家们的观测，这个进动仅仅是每100年43″。在爱因斯坦以前，这个异常进动被认为是由一颗未被发现的行星引起的，但爱因斯坦用广义相对论产生的时空曲率，算出的这个附加的进动值，正好是每100年43″。

钟慢效应

狭义相对论中所谈论的时间延缓是由于时钟的相对运动引起的。在广义相对论中，爱因斯坦指出：放置在引力场中不同地点的时钟看起来必定走得快慢不一样。假设有一艘火箭动力飞船，现在分别在飞船的船头和船尾放置两个一模一样的时钟，并将其记为A、B（图2-14）。现在就来研究飞船加速时两个时钟的快慢。假设时钟A每隔1 s发射一次闪光，而你坐在船尾并对时钟B的滴答声与闪光的到达作对比。假定，飞船在位置a处时钟A发射一束闪光，当这束闪光达到时钟B时，飞船在位置b处。稍后，当时钟A发射下一束闪光时，飞船将在c处，而当你看到这束闪光到达时钟B时，飞船将d处。将两束闪光走过的距离记为L_1、L_2，由于飞船正在加速，则第二束闪光发射时飞船具有较高的速度，那么L_2应该小于L_1。假如这两束光均是从时钟A处相隔1 s发射出来的，那它们就会以稍微小于1 s的间隔到达时钟B处，这是由于第二束闪光在传播途中并没有花那么长的时间。之后所有的闪光也都将出现同样的情况。此时，坐在船尾的你就会断定，时钟A走得比时钟B更快。当然，假如你坐在船头也就是A处观察从船尾B处所发射的闪光，你就会发现时钟B走得比时钟A更慢。

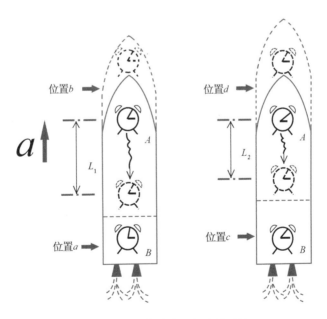

图2-14　火箭动力飞船中的时钟

现在，假如这艘火箭动力飞船静止在地球的引力场中，你正带着一个时钟坐在飞船的地板上，并留意着一个放置在高高架子上的时钟，就会看到这个时钟比放置在地板上的时钟走得更快。这是为什么呢？等效原理中指出：一个均匀的引力场与一个做匀加速运动的参考系等效。这就说明一个时钟的快慢在引力场中随着高度的变化而改变，引力场强越大处的钟越慢。为了验证引力钟慢效应，人们尝试着比较位于地球表面不同高处的两只原子钟。第一只钟保存在美国国家标准学会里，位于美国科罗拉多州的博尔德市，海拔约1 645.9 m；第二只钟保存在英国格林尼治皇家天文台，海拔约24.4 m，两钟的高度差约1 621.5 m，每年的读数差竟达5.6 μs。而通过理论计算得出的数值为5.56 μs，在误差允许的范围内，实验结果与理论是相符的，由此证实了相对论的预言。

引力红移

在物理学上共有三种红移，包括多普勒红移、引力红移和宇宙学红移。那究竟什么是红移？在物理学中，一个天体的光谱向长波（红）端发生位移，天体的光或者其他电磁辐射可能由于运动、引力效应等被拉伸而使波长变长。当光源远离观测者，接收到的光波频率比其固有频率低，因为红光的波长比蓝光的波长长，所以这种拉伸对光学波段光谱特征的影响是将它们移向光谱的红端，即向红端偏移，这种现象就称为红移。据引力钟慢效应，时空弯曲得越厉害，钟走得越慢。由于太阳附近的引力场比地球附近的引力场强，所以太阳附近的钟就比地球附近的钟慢。太阳表面有大量的氢原子，而每种元素都有特定的光谱线。通过比较太阳的氢原子光谱线和地球上的氢原子光谱线，就会发现，由于太阳附近的钟变慢，那里射过来的氢原子光谱线频率会减小，即谱线会向红端移动。引力红移效应就是指，当光在引力场中传播时，它的频率或者波长会发生变化（图2-15）。其实，宇宙学红移也是由引力引起的，本书将在后文为大家详细介绍。

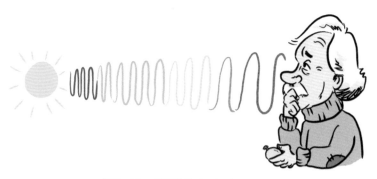

图2-15 爱因斯坦预言引力红移

据有关计算表明，从太阳表面发出的光到达地球时，相对红移量大约只有2×10^{-6} m。为了加大红移量，可以测量从白矮星发来的光。由于白矮星的密度比普通恒星高得多，其周围的引力场比太阳周围的引力场要强得多，可以达到太阳光红移的几十倍。为此人们曾好几次测量白矮星的红移，但结果都不能确证理论的预言。第一次相对成功且精度较高的红移实验是庞德（Pound）和雷布卡（Rebka）等在1959年利用穆斯堡尔效应在地面上检验了引力红移。

成长的宇宙：20世纪30年代，人们发现河外星系普遍存在红移，且红移与星系距离成正比。若利用多普勒效应解释红移现象，则意味着星系的分离速度与星系的距离成正比，这也可以用膨胀的宇宙来解释。由此可以想象早期的宇宙比现在观察到的宇宙在空间范围上小得多，可见宇宙也随着时间在茁壮成长！

图2-16　成长的宇宙

雷达回波延迟

广义相对论也曾预言了雷达回波延迟并已通过实验证实。如果一个大质量物体靠近正在两点之间传播着的电磁信号的路径，则这些信号的传输时间将要增加，这种现象一半可用等效原理解释，另一半则可用空间弯曲解释。根据这个预言可以推知：由于太阳引力的直接作用，掠过太阳边缘传播于行星之间的光或无线电信号的往返时间将增加。这个预言通过对从水星表面反射回来的雷达信号回波时间的测量首次得到证实。1967—1971年，美国的沙皮罗（I.I. Shapiro）等人在地球与水星位于太阳两侧时用雷达波射向水星，测量雷达波从射出到反射回来所用的时间。由于射出和返回的雷达波都从太阳表面经过，轨道在太阳附近发生弯曲，接收到反射波的时间有延迟现象。

除此之外，黑洞和引力波也是广义相对论的两大拼图。从相对论可以初步判断，从远处看，物体的长度、时钟显示的时间、光的频率以及光速都是随着物体与引力源的距离而改变的。离星体越近，长度收缩得越多，时钟走得越慢。当离星体的距离达到 $r_s = \dfrac{GM}{g^2}$ 时，长度收缩到零，物体就"不见"了，而此时时间将延缓到无限长，钟慢得停下来了，可以说，时间"冻住"了。光的频率看起来将等于零，光速也将等于零，这就意味着连光也看不见了。也就是说，当从远处观察离星体 r_s 处的现象时，什么也看不见了，连光也不可能从那里发出了。而那个地方不正像从远处看的一个山洞

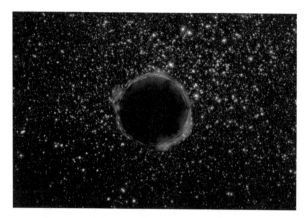

图2-17 黑洞的示意图

的洞口吗？因此，我们形象化地把半径为r_s的球面包围的时空叫"黑洞"（图2-17）。黑洞的概念是由卡尔·施瓦西首先在1916年从广义相对论得出的，r_s就叫做施瓦西半径。

引力波——广义相对论的最后一块拼图，已经被成功找到。那究竟什么是引力波呢？在广义相对论中，万有引力（时空弯曲）的传播需要时间，引力的传播速度是光速。如果引力源附近的时空弯曲随时间变化，这种变化就会以光速向远方传播，这就是引力波。在本书的第四章将会详细为大家讲解引力波。

科学家画廊

图2-18 施瓦西

施瓦西（Karl Schwarzschild, 1873—1916）德国天文学家、物理学家。1916年，他找到了广义相对论球对称引力场的严格解，即施瓦西解。这个解描述了球形天体附近的光线和粒子的运动行为，在现代相对论天体物理，特别是黑洞物理中，起着关键性的作用。他首先提出，在离致密天体或大质量天体的中心某一距离处，逃逸速度等于光速，即在此距离以内的任何物质和辐射都不能溢出。后人将此距离称为施瓦西半径，并把上述天体周围施瓦西半径处的想象中的球面，叫作视界。

4. 从牛顿到爱因斯坦的变革

    牛顿运动定律是经典力学的基础，牛顿运动定律和万有引力定律在宏观的、低速的、弱引力的广阔领域，包括天体力学的研究中，经受了实践的检验，取得了巨大的成就。我们用经典力学来检验我们身边的各种运动，比如从自行车到汽车、飞机的运动，甚至人造卫星和宇宙飞船的运动，都服从其规律。这也正是经典力学可以统治约300年历史的原因，因为人类日常生活中的运动它都可以解释，谁又会真正质疑？

    但是，科学并非绝对真理，只是在一个特定范围内的相对真理。虽然对于运动速度远远小于光速的所有运动，经典力学都是可以解释的。但是，如果运动的速度接近光速甚至超过光速呢？经典力学还适用吗？爱因斯坦给出了否定答案，由此诞生了相对论，于是人类对物体运动的认识就从低速发展到了高速，并且从弱引力发展到了强引力。19世纪末、20世纪初，物理学研究深入到了微观世界，经典力学无法解释微观粒子的运动特点，于是催促了量子力学的诞生。至此，物理学的研究就从宏观发展到了微观。下面，我们将进一步讲述经典力学和相对论中的时空观和运动观。

时空观

    自古以来，空间的概念来源于物体的广延性，时间的概念则来源于过程的持续性。《墨经》上说："久，弥异时也；宇，弥异所也。""久""宇"分别对应着"时间"和"空间"，并从具体的过程中抽象出时间和空间的概念，时间就是不同时刻的总称，空间就是不同地点的总称。牛顿的观点和这种观点较吻合，他把时间和空间看作是物理事件的载体和框架，一切事件相对于它们而用时间坐标和空间坐标来加以描述。在牛顿的经典力学中，时间和空间是描述世界尺度的两个核心变量。经典力学认为，事物的存在和时间、空间是相互独立的，没有任何关系。而且时间的测量独立于运动之外，是和运动无关的一个不变量。同时，质量也是和物体运动无关的一个常量。所以在经典力学中，长度、时间及质量都和运动无关，是一个不变量。这就是人们通常所说的绝对时空观。而具体物体的机械运动，则是在这种绝对的时空背景下进行的。牛顿的绝对时空观曾统治了约300年的历史，直到1905年狭义相对论的建立，才实现了人类时空观的重大飞跃。

图2-19　说不出时间真相的时钟

爱因斯坦从最开始的对光速不变性的犹豫到确信，同时开始质疑牛顿力学的理论基础。如果说马赫对牛顿绝对时空观的否定是属于一种批判精神，那爱因斯坦则是对科学观念形态的革命，攀登这样一个思想高度，绝非一件易事。狭义相对论中的时空观念揭示了时间和空间的性质受物质运动状态制约及空间与时间紧密联系的规律，从而改变了牛顿绝对时空观。具体是指：时间和空间都具有相对性，也就是说时间、空间的度量与参照物的运动状态有关（图2-19）。

1915年，爱因斯坦从广义相对性原理和等效原理出发，建立了广义相对论。由于能量和动量是物质运动的量度，把空间曲率和物质运动的能量动量张量联系起来，从而得到爱因斯坦引力场方程式。狭义相对论揭示了物质运动与时间、空间的相互联系，但它还允许有可以脱离物质而存在的时空。而广义相对论则从引力场这一侧面把物质及其运动和时空联系起来，也就是说，时空的度规特性不仅与物质的运动有关，而且和运动的物质分布有关。由此，广义相对论进一步深化了时间和空间是物质存在形式的原理。

运动观

虽然，自然界中有各种千变万化的复杂运动现象，其实质都来源于四种基本相互作用：引力、电磁、强相互作用和弱相互作用。我们知道，相互作用决定了物质运动、变化的规律。如果能够揭示四种相互作用之间的统一性和根源，也就具体揭示了物质运动的统一性。这也是物理学家一直致力追求的。

早在17世纪，牛顿就将开普勒的天体运动规律与伽利略的地面上的运动规律统一起来，建立了万有引力定律，实现了物理学理论第一次综合。相互作用统一的第二个典范则是麦克斯韦的电磁场理论，它将电、磁和光统一起来。1905年，爱因斯坦统一了空间和时间的概念。1915年，他在此基础上建立并进一步推广了这个统一概念，将物质、运动和时空辩证地联系起来。广义相对论的成功使人们注意到几何在物理学中的本质作用，由此兴起了"几何统一场论"的热潮。关于统一场的问题，爱因斯坦在广义相对论建立后，用余生30年的时间去探索用统一场论将引力场和电磁场进行统一。但由于各种原因，最终没能获得成功。本书最后一章将为大家展示统一场论，即弦论（图2-20）。

图2-20　走向统一场的弦论

爱因斯坦的相对论开拓了人类思想的新境界，他的思想如同他的理论一样，在人类历史上已经留下了厚重的一笔。爱因斯坦的相对论是世界上最伟大的思想之一，爱因斯坦曾说，世界上可能只有12个人能够看懂相对论，但是却有几十亿人借此明白没有什么是绝对的。这就是相对论对科学探索和对人类思想的伟大贡献。

参考文献

［1］爱因斯坦.相对论（广义与狭义相对论全集）［M］.易洪波，李智谋，译.南京：江苏人民出版社，2011.

［2］赵峥.爱因斯坦与相对论——写在"广义相对论"创建100周年之际［M］.上海：上海教育出版社，2015.

［3］张三慧.趣谈相对论［M］.南宁：广西教育出版社，1999.

［4］孙欢，吴伟.惯性质量和引力质量的关系［J］.物理教学，2015（11）：7-8.

［5］赵峥.广义相对论的几个问题［J］.大学物理，2011，30（5）：14-19.

［6］钱时惕.突破绝对时空观　人类认识深入到高速与宇观世界（上）——科学发展的人文历程漫话之十三［J］.物理通报，2012（3）：108-111.

［7］钱时惕.突破绝对时空观　人类认识深入到高速与宇观世界（下）——科学发展的人文历程漫话之十四［J］.物理通报，2012（4）：114-116.

［8］鲍淑清，张会.现代物理学的运动观和时空观——现代物理学的自然观研究之一［J］.河南师范大学学报（哲学社会科学版），1992（2）：11-16.

［9］赵峥.相对论百问（第2版）［M］.北京：北京师范大学出版社，2012.

［10］梁灿彬，曹周键.从零学相对论［M］.北京：高等教育出版社，2013.

［11］费曼.费曼讲物理：相对论［M］.周国荣，译.长沙：湖南科学技术出版社，2012.

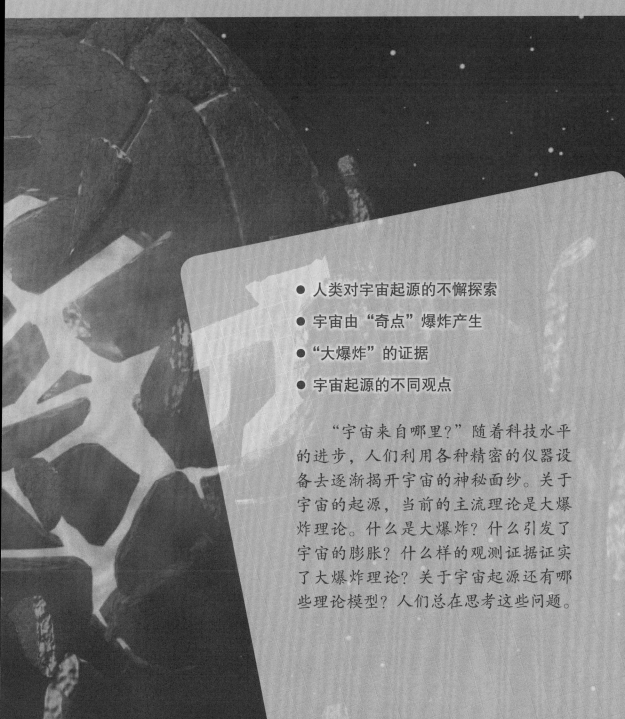

第三章 宇宙来自哪里?

- 人类对宇宙起源的不懈探索
- 宇宙由"奇点"爆炸产生
- "大爆炸"的证据
- 宇宙起源的不同观点

　　"宇宙来自哪里?"随着科技水平的进步,人们利用各种精密的仪器设备去逐渐揭开宇宙的神秘面纱。关于宇宙的起源,当前的主流理论是大爆炸理论。什么是大爆炸?什么引发了宇宙的膨胀?什么样的观测证据证实了大爆炸理论?关于宇宙起源还有哪些理论模型?人们总在思考这些问题。

人类对宇宙起源的不懈探索

"宇宙"一词在《庄子》一书中提及,"宇"代表一切空间;"宙"代表一切时间。因此,"宇宙"一词包含一切的时间与空间。宇宙不仅包括时间和空间,还包括物质和能量,它是天地万物的总称,那么宇宙是如何诞生的?它又是如何演化和发展的?接下来,我们一起走进关于宇宙起源研究的时间轴,了解人类对宇宙起源的不懈探索。

古代神话传说

图3-1 盘古像

关于宇宙起源有"盘古开天辟地"的传说,最早见于三国时代吴国人徐整所著的《三五历记》。古巴比伦认为,魔力女神蒂马特死后,身体一分为二,才造就了天与地。古埃及关于创世有多个版本,其中三个最有影响力的版本分别是:奥波利斯神学、赫尔摩波利斯神学和孟菲斯神学。在古希腊人的宇宙起源传说里,水、混沌、空气、大地,一切要素和自然力都具有人的形象,是众神赋予一切事物生命,其中最为著名的宇宙起源传说是泰坦出世,来自诗人赫西俄德所著的《神谱》一书。古代日本关于宇宙的起源是日本的天神创造了伊奘诺尊、伊奘冉尊两兄妹,兄妹俩为日本开天辟地,创造了日本诸岛和诸神。古印度的宇宙起源最早见于《吠陀经》,众生之父梵天造物。在波斯的神话传说中,阿胡拉·马兹达是创造了世界的至高之神。

先哲宇宙

神话传说是处于蒙昧时代的远古人类对于自己生存环境的想象和虚构。虽然这些想象和虚构对于宇宙的认识是较为浅显的,甚至没有涉及地球之外的行星,但神话是

科学的源泉，宇宙学经历了从神话到猜想，从猜想
到科学理论的过程。随着科学的发展，人们对宇宙
的认识逐渐深刻，渐渐剥离了神话传说的虚无缥
缈，哲学家们首先担当起了这一重任，开始苦苦思
索和研究宇宙的起源。

图3-2　托勒密

　　当我们脚踏实地站在地球上仰望苍穹时，地
球好似不动，日月星辰好像都是围绕着地球转动，
地球是宇宙的中心，因此，"地心说"（geocentric
theory）应运而生。"地心说"最初由米利都学派形
成初步理念，后由古希腊学者欧多克斯（Eudoxus
of Cnidus，前408—前355）提出，然后经亚里士多
德、托勒密（图3-2）进一步发展而逐渐建立和完
善起来。

　　托勒密是古希腊天文学家、地理学家、占星学家和光学家，是"地心说"的集大
成者。他在继承了亚里士多德"地心说"的基础上，根据长期观测得到的数据，合理
论证了天体位置和运行规律，是世界上第一个系统研究日月星辰构成和运动方式的学
者。他的著作《天文集》是根据喜帕恰斯（Hipparchus）的研究成果写成的一部西方古
典天文学百科全书，主要论述宇宙的地心体系（图3-3），认为地球居于宇宙中心，日、
月、行星和恒星围绕着它运行。此书在中世纪被尊为天文学的标准著作，是希腊天文
学和宇宙学思想的顶峰，统治了天文界长达13个世纪，直到16世纪才被哥白尼推翻。

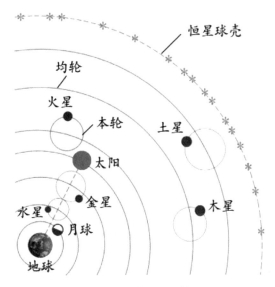

图3-3　托勒密地心体系

"地心说"之所以得以统治天文界这么长的时间，一方面是因为"地心说"符合当时统治阶级和教会的利益，另一方面是因为它较为完满地解释了当时观测到的行星运动情况，并取得了航海上的实用价值。

科学宇宙

16世纪初，波兰天文学家尼古拉·哥白尼在结合前人的经验、理论和自己实践结果的基础上，提出了具有里程碑意义的"日心说"（heliocentric theory）（图3-4），否定了"地心说"，否定了教会的权威。"日心说"，也称为"地动说"，核心思想认为太阳是宇宙的中心，所有的行星都围绕着太阳运转，只有月球围绕地球运动。虽然哥白尼的"日心说"在现在看来并不是完全正确的学说，但在当时却有着重要的历史意义。在哥白尼之后，天文学终于摆脱了宗教神学的桎梏，成为近代科学革命的先声。

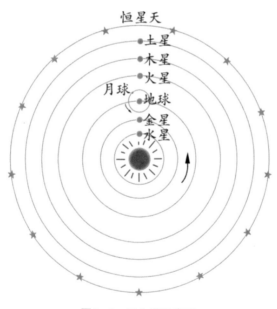

图3-4 日心说示意图

17世纪，笛卡尔（Rene Descartes，1596—1650）把他的机械论观点应用到天体，发展了宇宙演化论，形成了关于宇宙发生与构造的学说。他创立了涡流说，认为真空中充满了空间物质，它们围绕太阳形成旋涡，这种旋涡导致了太阳系的形成，宇宙中其他恒星都类似太阳，是一个个旋涡中心。物质处于太阳的旋涡之中，被带动着不断运动，逐步分化出土、空气和火三种元素。土形成了行星，而火则形成了太阳和恒星。

科学家画廊

哥白尼（Nicolaus Copernicus，1473—1543）
文艺复兴时期波兰天文学家、数学家、神父，代表作
有《天体运行论》。他以提出"日心说"为世人所知。
23岁时在博洛尼亚大学和帕多瓦大学攻读法律、医学
和神学，期间跟随天文学家德·诺瓦拉学习天文观测
技术以及希腊的天文学理论。40岁时提出了"日心
说"，否定了教会的权威，并经过长年的观察和计算
完成他的伟大著作《天体运行论》。

图3-5　哥白尼

18世纪，德国哲学家康德提出了关于太阳系起源的星云假说（图3-6），他认为在
太阳系未形成之前，宇宙空间中弥漫着一种存在引力和斥力的原始物质微粒，引力和
斥力的综合作用使得原始星云形成圆盘状结构，中间部分形成太阳，周围部分逐渐分
离，形成围绕太阳运行的行星，行星周围的团块形成卫星。康德的星云说起初并没有
引起科学家的普遍关注，直到法国数学家拉普拉斯（Laplace，1749—1827）用数学和
力学定律再一次提出该学说时，星云说在科学界才引起了巨大的反响。

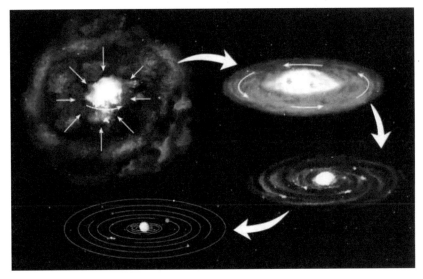

图3-6　星云说示意图

康德星云说中的原始星云是弥漫的固体颗粒，而拉普拉斯则认为原始星云是炽热的气体，实际上，两人的观点是基本一致的，所以后人将他们的学说统称为"康德–拉普拉斯星云说"。在星云说出现之前，人们把天体的运动变化视为上帝推动，而康德–拉普拉斯星云说则用自然界本身演化的规律性来说明行星的性质，这对上帝推动天体运动这一观点给予了批判，也为天文学的发展建立了不朽的功勋，因此，这一学说在整个19世纪都占有统治地位。

科学家画廊

图3-7 康德

　　伊曼努尔·康德（Immanuel Kant，1724—1804） 德国作家、哲学家，德国古典哲学创始人，代表作有《纯粹理性批判》《实践理性批判》和《判断力批判》等。康德深居简出，终生未娶，钻研学术一辈子，是启蒙运动时期最后一位主要哲学家。他调和了笛卡儿的理性主义与培根的经验主义，被认为是继苏格拉底、柏拉图和亚里士多德后，西方最具影响力的思想家之一。他不仅在哲学领域有极大的造诣，而且在天文学中也有很大的成就，他曾针对太阳系的形成提出第一个现代的理论解释，即康德–拉普拉斯星云说。

2. 宇宙由"奇点"爆炸产生

人类探索和认识宇宙，经历了从地球开始，逐渐向外扩展，进而认识了太阳系，揭示了太阳系起源的奥秘。科学家们探索到了星系的起源，但他们并未就此止步，关于宇宙的起源成为他们魂牵梦绕执着探索和研究的一个课题。

大爆炸宇宙论

大爆炸假说是现代宇宙学的一个主要流派，1927年，比利时天文学家、宇宙学家勒梅特首次提出了宇宙大爆炸的假说；1929年，美国天文学家哈勃根据假说提出星系的红移量与星系间的距离成正比的哈勃定律，并推导出星系之间在相互远离的宇宙膨胀说；1946年，美国物理学家伽莫夫正式提出大爆炸宇宙论（big bang cosmology）。

大爆炸宇宙论认为，宇宙是由一个致密炽热的奇点，于137亿年前的一次大爆炸后所膨胀形成的（图3-8）。奇点是单独的无维度的点，即在空间和时间上都无尺度，

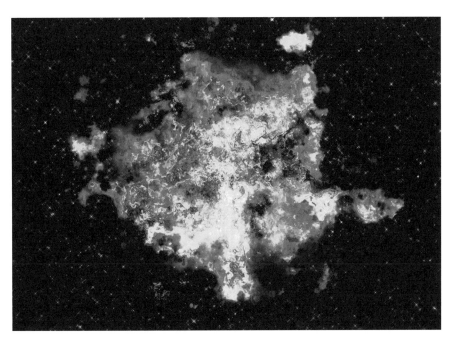

图3-8　大爆炸后几分钟火球模拟示意图

但却包含了宇宙全部物质，它有无限大的物质密度、无限大的压力、无限弯曲的时空曲率等。奇点产生于虚无之中，询问奇点之前的状态是无意义的。爆炸是在所有方向发生的，而不是从"中心"炸开，这就意味着我们的星系在宇宙中的位置，和宇宙中其他的星系是别无二致的。

科学家画廊

图3-9 勒梅特

乔治·勒梅特（Georges Lemaitre，1894—1966） 比利时天文学家和宇宙学家，代表作有《论宇宙演化》（1933）和《原始原子假说》（1946）。1927年，勒梅特发表了爱因斯坦场方程的一个严格解，这个解后来被称为弗里德曼-勒梅特-罗伯逊-沃克度规，并由此指出宇宙是膨胀的，最初起源于一个"原始原子"的爆炸。1931年，英国天文学家爱丁顿请人将其译成英文发表，引起轰动。

大爆炸开始之后，宇宙中的物质到底发生了怎么样的变化，下面我们一起来看大爆炸后的时间简史（图3-10）。

大爆炸后10^{-43} s：宇宙从量子涨落背景出现，这个阶段称为普朗克时期，在这个阶段，引力分离出来，独立存在，宇宙中的其他力（强、弱相互作用和电磁相互作用）仍为一体；大爆炸后10^{-34} s：夸克和反夸克主导的弱电时代；大爆炸后10^{-10} s：强子和轻子时期，夸克被禁锢在形成的质子、中子、介子和重子之中；大爆炸后0.01 s：温度约1×10^{10} ℃，宇宙中大多为光子、电子和中微子；大爆炸后1 s：质子和中子结合成氢、氦、锂和氘核；大爆炸后3 min：物质和辐射耦合，第一个稳定的原子形成；大爆炸后30万年：物质和能量退耦合，粒子密度下降，光子在各个方向上移动，宇宙背景变得透明；大爆炸后10亿年：物质团形成类星体、恒星和元星系，恒星开始合成重核；大爆炸后50亿年：新星系形成，在恒星周围凝结太阳系，原子连接形成复杂的生命形式的分子。

大爆炸后，宇宙温度逐渐降低，随着温度的变化，各种物质也发生了变化，从引力的分离到各种粒子的诞生，再到化合物的诞生，随着时间继续推移，开始有了星系，以至于到后来有了生命体的诞生。

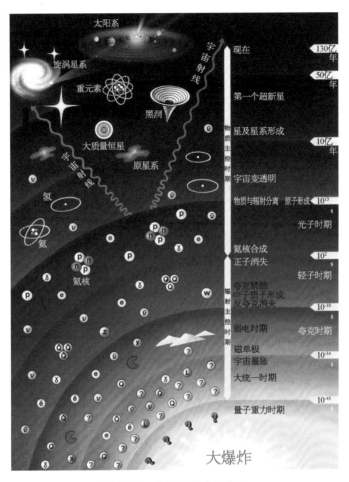

图3-10 大爆炸简史示意图

科学家画廊

乔治·伽莫夫（George Gamow，1904—1968）
美籍俄国人，物理学家、天文学家、科普作家，代表
作有《物理世界奇遇记》（1978）和《物理学发展过
程》（1961）等。他以倡导宇宙起源于"大爆炸"的
理论闻名，对译解遗传密码作出过贡献，还提出了放
射性量子论和原子核的"液滴"模型。其科普著作深
入浅出，对物理学理论的传播起到了积极的作用。

图3-11 伽莫夫

"大爆炸" 的证据

20世纪时，大爆炸理论和稳态理论都有极大的影响力，但后来大爆炸理论模型成为标准宇宙模型。究竟是什么原因导致稳态理论没落，又是什么原因、什么观测事实和证据推动了大爆炸理论的发展？

谱线红移

红移（red shift）是指由于某种原因导致波长增加的现象，在可见光波段，表现为光谱的谱线朝着红端移动了一段距离。我们从左往右来看光谱图（图3-12），波长逐渐增长，频率逐渐减小，光谱红移就意味着光的频率变小。根据多普勒效应的特点可以知道，波源和观察者两者相互接近，观察者接收到的频率增大；两者远离时，观察者接收到的频率减小。

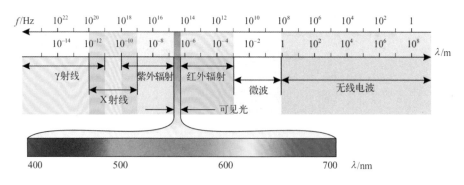

图3-12　光谱图

科学家通过观察遥远的星系得到了红移现象，而且是大量的星系都出现了红移现象，由此可以得到大量星系都在做远离我们的运动，我们把这种运动称为退行。退行速度并不是杂乱无章的，而是与星系的距离成正比，由此得到了哈勃定律：

$$v=HD$$

其中，v为星系间的退行速度，D为星系间的距离，H为哈勃常数。

哈勃定律是埃德温·哈勃根据100 in* 胡克望远镜（图3-13）得出的数据，于1930年提出的以自己名字命名的定律，距离越远的星系退行速度越快。这架100 in望远镜帮助哈勃完成了关键计算，使他确定许多所谓的"星云"实际上是银河系外的星系，在米尔顿·赫马森（Humason，1891—1972）的帮助下他认识到星系的红移说明宇宙在膨胀。

宇宙在各个方向上都在膨胀，处在其中的物体也在时刻远离彼此，并不是星系在空间中移动，而是星系间的空间在膨胀。通过已知星系的速度和距离可以粗略地推算哈勃常数，退行速度可以通过红移得出，但是星系距离难以测出，特别是遥远星系，因此，利用不同的方法会测得不同的哈勃常数值，现在较为公认的是70（km/s）/Mpc**。

图3-13 哈勃使用100 in胡克望远镜

科学家画廊

埃德温·哈勃（Edwin P. Hubble，1889—1953）
美国天文学家（图3-14），代表作有《星云世界》（1936）和《用观测手段探索宇宙学问题》。他是河外天文学的奠基人和提供宇宙膨胀实例证据的第一人，他发现了大多数星系都存在红移的现象，被认为是宇宙膨胀的有力证据，建立了哈勃定律。同时，他也是星系天文学的创始人和观测宇宙学的开拓者。

图3-14 哈勃

---

* in指英寸，1 in=2.54 cm。

** Mpc 指百万秒差距。1秒差距（即1 pc）是1天文单位的距离所张的角度为1' 时的距离。1 pc= $3.085\,7 \times 10^{16}$ m ≈ 3.26 l.y.。

谱线红移类似于火车的汽笛声在靠近或远离我们时声音的变化，但是两者有所不同，火车汽笛声的靠近或远离是由于位移引起的多普勒效应，但是星系扩张形成的多普勒效应，是由于星系所处的空间发生了运动。

宇宙微波背景辐射

大爆炸后30万年，粒子密度降低，光子从物质中分离出来，可以在各个方向上穿梭，这就是光。随着空间膨胀，光子的波长也显著增大了，现在天文学家测出的波长为2 mm，温度只有2.7 K，对应微波尺度，相当于一个温度为2.7 K的黑体发出的能量，这被称为宇宙微波背景辐射。

稳态理论支持者霍伊尔提出质疑："如果宇宙起始于一次大爆炸，在那种高温、高密状态下所产生的辐射，一定会在太空中留下某种痕迹，即使是在大爆炸已经过去了100多亿年的今天，也应该能找到哪怕一丁点辐射痕迹的残留，那么这个痕迹能找到吗？"伽莫夫对找到大爆炸遗留的辐射痕迹充满信心，他坚信高热爆炸产生的辐射即使是在100多亿年后的今天，也不会完全消失。光子在各个方向运动，虽然我们看不见光子了，但是我们可用仪器测得它所处的微波波段以及温度。

想象在一个沙滩上，当潮水冲上沙滩时，波浪会卷起并扰动沙子，潮水退去之后，沙子上会留下波浪的痕迹。宇宙空间中当然没有沙子，但宇宙中充满了一种辐射：宇宙微波背景辐射，宇宙微波背景辐射是大爆炸的余晖，并且这种辐射无处不在。

1964年，贝尔实验室的两位无线电工程师阿尔诺·彭齐亚斯（Arno Penzias）和罗伯特·威尔逊（Robert Wilson）（图3-15），在检测天线接收卫星信号功能时，发现天线接收过程中存在无法消除的背景噪声。经过测量发现，在波长为7.35 cm的地方有一个"各向同性"信号。各向同性是指物理性质在各个方向上是相同的，比如：非晶态大多数是各向同性，晶体具有各向异性。这个信号没有周、日、季节的变化，可以判定与地球的公转和自转无关，他们认为，这些来自宇宙的波长为7.35 cm的微波噪声相当于温度为3.5 K的黑体发出的能量。1965年，他们又将该数值修正为3 K，并将这一发现公布于世，为此获1978年诺贝尔物理学奖。

图3-15　阿尔诺·彭齐亚斯和罗伯特·威尔逊

根据威尔金森微波各向异性探测器（WMAP）一年的微波背景辐射数据，人们绘制了一幅计算机辅助全天图（图3-16）。

图3-16　宇宙微波背景辐射计算机辅助全天图

宇宙微波背景辐射也就是大爆炸痕迹的发现，以确凿的证据证明了，宇宙曾经的确处于与今天完全不同的高温、高密状态，这是继哈勃发现宇宙膨胀之后，宇宙学研究的又一重大突破。

 趣闻插播

美国贝尔实验室：它是晶体管、激光器、太阳能电池、发光二极管、数字交换机、通信卫星、电子数字计算机、蜂窝移动通信设备、长途电视传送、仿真语言、有声电影、立体声录音，以及通信网等许多重大发明的诞生地。自1925年以来，贝尔实验室共获得25 000多项专利，现在，平

图3-17　贝尔实验室美国总部

均每个工作日获得约3项专利。贝尔实验室一共获得8项诺贝尔奖（其中7项物理学奖，1项化学奖）。其开发的UNIX操作系统使各类计算机得以大规模联网，从而成就了今天使用的互联网，其推出的网络管理与操作系统每天支持着世界范围内数十亿的电话呼叫与数据连接。

氦丰度

氦丰度（He abundance）是指宇宙中氦同位素 ^{4}He 的相对含量。在各种不同天体上，氦丰度相当大，只用恒星核反应机制不足以说明为什么有如此多的氦，而根据大爆炸理论，早期温度很高，产生氦的效率也很高，则可以说明这一事实。

炽热的早期宇宙是核聚变的理想场所，当宇宙温度高达 $1 \times 10^9 \sim 1 \times 10^{10}$ K 时，较轻的原子核能够聚变为较重的原子核，这个过程被称为"大爆炸核合成"（图3-18）。宇宙中的大部分氦和氘都是在那个时候形成的。天文学家对宇宙中氦和氘丰度的测量结果，与大爆炸核合成的理论预言吻合。核合成还准确预言了宇宙中质子和中子的丰度，为大爆炸理论提供了进一步的证据。

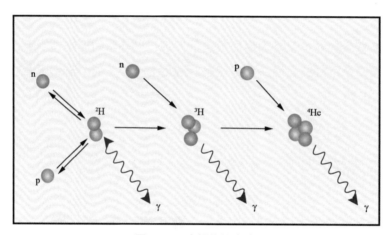

图3-18　大爆炸核合成

丰度：元素丰度（abundance of element）是指研究体系中被研究元素的相对含量，用质量百分比表示，地壳元素的丰度又称为克拉克值。同位素在自然界中的丰度，又称为天然存在比，指的是该同位素在这种元素的所有天然同位素中所占的比例，丰度的大小一般以百分比表示，人造同位素的丰度为零。

黑体辐射：黑体是能够完全吸收入射的各种波长的电磁波而不发生反射的物体，黑体辐射电磁波的强度按波长的分布只与黑体的温度有关。

大爆炸理论的不足

从大爆炸理论建立的膨胀宇宙模型（图3-19）得到了许多观测事实的证明，但是它仍旧存在许多问题并没有得到解决，比如：

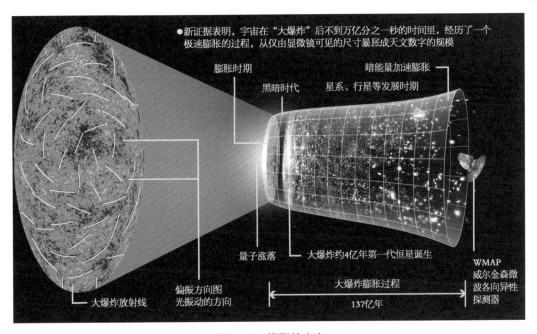

图3-19　膨胀的宇宙

（1）我们知道能量是守恒的，大爆炸理论认为宇宙起源于一个点，那么奇点这一个小小的点，它突然爆炸成为宇宙的能量来自何处？

（2）是什么触发了大爆炸？这是宇宙学家们至今仍感到困惑的一个问题，姑且认为奇点是存在的，那么什么力可以克服奇点中无限大的引力？是什么引发了宇宙巨大的膨胀？

（3）对于大爆炸后最初的几分钟，相关的观测严重缺乏，对最早期宇宙物质——能量的实际形式，在很大程度上仍只是猜测。

（4）宇宙的年龄即哈勃时间，是可以通过哈勃常数的倒数推导出来的，但哈勃常数目前是一个不确定的值。更为严重的问题是，人类把地球绕太阳转一圈确定为"年"这一时间衡量标准，宇宙中不同的天体的运动速度是不同的，那么我们根据地球绕太阳转一圈规定的"年"这一概念，对于宇宙而言是不存在的，那么大爆炸宇宙论又是如何用"年"的概念去推算宇宙的确切年龄呢？

（5）宇宙微波背景辐射被视为宇宙大爆炸学说的重要证据，但是这种微波信号不一定来自宇宙，它还极有可能是太阳等离子云层对太阳微波的反射。厘米波段的信号可能是比较重的元素的等离子体反射的，而毫米波段的信号可能是质子、α 粒子反射的。如果之后的测量结果表明后者成立，这将是对大爆炸理论模型的一个致命打击。

大爆炸理论虽然有不足之处，但仍旧有它的可取之处，相信在未来的某一天，正在阅读这些文字的你，会为宇宙的起源提供一份巨大不可估量的发现。

4 宇宙起源的不同观点

稳态理论

稳态理论认为：宇宙的过去、现在和将来基本上处于同一种状态，宇宙一直存在，没有开始也没有结束。它过去的样子和我们现在看到的一模一样，从结构上说是恒定的，从时间上说是无始无终的。稳恒态宇宙论是英国几位年轻的天体物理学家赫尔曼·邦迪、汤米·戈尔德和福雷德·霍伊尔在1948年提出的。

在近代宇宙学的研究中，除了称为大爆炸模型的标准宇宙模型之外，还有许多非标准模型，其中最有影响的是稳恒态宇宙模型。在大爆炸宇宙模型提出的初期，人们曾根据哈勃常数推算宇宙的年龄，然而由于哈勃常数在测定远距离星系的视星等（肉眼所看到的星体亮度）与红移关系时，采用了造父变星测量距离的偏差太大，以致得到的哈勃常数太大，由此估算出的宇宙年龄只有20亿年，比地球的寿命还短，这给当时的大爆炸宇宙学说带来不小的困难，为了摆脱困难，稳恒态宇宙论应运而生。

英国射电天文学家赖尔（Martin Ryle，1918—1984）发现，在早期宇宙中有更多的射电星系（图3-20），这说明宇宙是在进化的。哈勃的宇宙膨胀说，宇宙微波背景

图3-20 半人马座射电星系

辐射的发现，以及氦的原始起源这一系列的天文学发现给了稳恒态宇宙论致命的打击。1965年，霍伊尔在《自然》杂志上承认了"计算射电星系核类星体的结果表明，宇宙是从一个较高密度状态开始膨胀的。因此，看来现在必须抛弃稳态理论思想，已经是人所共知的了"。

科学家画廊

图3-21　霍伊尔

弗雷德·霍伊尔（Sir Fred Hoyle，1915—2001）　英国天文学家、科普作家，代表作有《黑云压境》（1957）。他因对恒星内部由氢元素产生其他元素的一种叫作核子融合的过程所做的解释而为科学家们所熟知，他最著名的成就是稳恒态宇宙论。为纪念这位天文学家，第8077号小行星以他的名字"霍伊尔"命名。

虫洞喷发

图3-22　虫洞示意图

虫洞喷发理论认为，我们现在所生存的宇宙起源于一次时空之门的开启。

在许许多多平行宇宙中，有一个极其普通的平行宇宙，在这个宇宙中，质量最大的一个黑洞不断地吞噬宇宙中的其他天体，它的质量不断增大，大到其万有引力可以摧毁一切物质形态。首先，其核心变为能量体，能量逐渐积蓄，最终冲破其外壳，向外释放能量，形成虫洞（图3-22），时空之门打开，当能量完全释放后，虫洞停止喷发，时空之门关闭。喷出来的高能粒子，经过漫长的演变后，形成了我们现在所生存的宇宙。经过喷发的虫洞则变为先前那个平行宇宙中的一个普通的天体，这也是我们不能找到宇宙中心的原因。

大反弹理论

　　大反弹理论认为，宇宙并不源于一个爆炸的奇点，而是从自身上一个旧形态中"反弹"出来（图3-23）。这一理论的提出者是来自中国和加拿大科学家组成的科研小组，并且这一研究结果已经发表在了世界著名的物理学顶级学术期刊《物理评论快报》上。这项研究成果是对宾夕法尼亚州立大学教授马丁·波乔瓦尔德等科学家的研究成果的继承与推进。

图3-23　大反弹理论示意图

　　宇宙并不需要全新发端于一个奇点，它只需要从上一个"自己"坍塌后的废墟中反弹出来，便能够获得新生。这个过程类似于一根弹簧在弹性限度内反复被压扁，然后又重新恢复原状，爆发弹力。大反弹理论是基于圈量子引力理论提出的。圈量子引力理论是一种将量子力学与广义相对论相结合的研究方法，它本身就体现了引力如何作用于宇宙。它从基本层面阐述了这样的观点，即宇宙可以被看成是许多缠绕相连的圈环，空间由此被赋予了以物质为代表的原子结构。

这一新理论可以很好地解释之前一些棘手问题，比如：宇宙大爆炸之前是什么？这样就可以得到答案，在宇宙大爆炸之前是一个正在收缩中、尚未抵达其最小尺度的宇宙，随后宇宙再次膨胀，就是类似我们之前提到的大爆炸理论。该理论还认为，由于"反弹"之后宇宙一直在膨胀，越早期产生的信号离我们越远，需要越久的时间被探测到。目前的观测水平只能观测到"暴胀"时期，如果将来能观测到更早期的"反弹"时期信息，便是对模型的一种肯定。未来还需要借助宇宙泛星系偏振背景成像二代（BICEP2）望远镜和其他望远镜设备的观测结果，才能最终判断这一理论的正确与否。

趣闻插播

物理评论快报（Physical Review Letters）：世界著名的物理学顶级学术期刊，主要发表重要的物理研究成果。1893年，在芝加哥大学的富兰克林厅，物理系教授爱德华·尼科尔斯和欧内斯特·梅里特创办了《物理评论》，这是美国第一份物理学专业期刊。1899年，美国物理学会（American Physical Society）成立，并于1913年接管这份期刊。1926年，明尼苏达大学物理教授约翰·塔克出任主编，期刊快速发展；20世纪30年代中期，《物理评论》成为世界物理学界公认的顶级期刊。1958年7月1日，《物理评论》中的"快报"专栏作为新期刊单独出版，这也是世界上第一份快报类期刊。

图3-24 《物理评论快报》
杂志

参考文献

［1］ 威兰.宇宙的诞生与历史［M］.北京：科学出版社，2014.
［2］ 罗斯，海明威.宇宙天梯14步［M］.北京：中国科学技术出版社，2015.

［3］ 格里宾.再探大爆炸：宇宙的生与死［M］.上海：上海科技教育出版社，2013.

［4］ 霍金.果壳中的宇宙［M］.长沙：湖南科学技术出版社，2003.

［5］ 袁岳.宇宙进化史［M］.北京：中国广播电视出版社，2011.

［6］ 张梦然.不是"大爆炸"而是"大弹簧"？——中加科学家提出宇宙起源新理论［N］.科技日报，2014-7-18.

［7］ 马爱萍.我国学者提出"精灵反弹暴涨模型"，解释宇宙起源［N］.科技日报，2014-8-28.

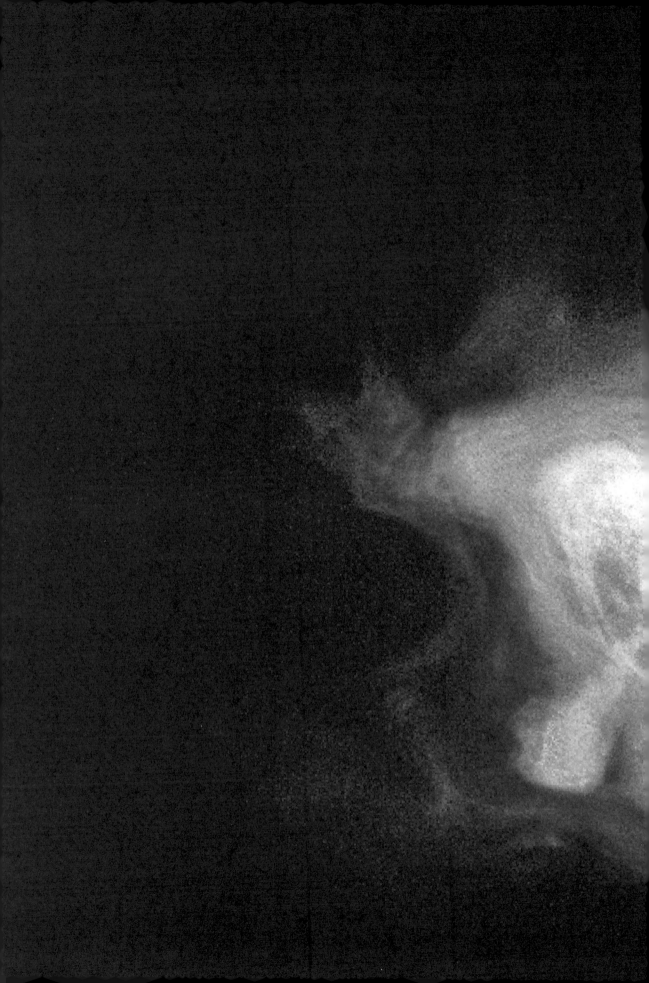

第四章 能听见宇宙的声音吗？

- 四维弯曲时空中的涟漪
- 引力波来自哪里？
- 人类对引力波的实验探索
- 引力波的探测
- 从引力波追踪"黑洞"

人类认识的宇宙，一直是一片寂静。2015年9月14日，LIGO探测到来自两个质量分别为29个太阳质量和36个太阳质量的黑洞并合产生的引力波。这是人类第一次探测到黑洞并合事件，也是第一次探测到来自宇宙的引力波信号。从此，人类不再只用眼睛去看，面对宇宙，更是洗耳恭听。那么，什么是引力波？什么是黑洞？它们是怎么发生碰撞的？碰撞后又发生了什么？

四维弯曲时空中的涟漪

众所周知，世界万物之间存在万有引力。比如说，物体在地球上受到的重力，就是地球对其引力所致。然而，为众人所熟知的引力，科学家却尚未完全了解它的本质。无论是理论或实验领域，物理学家对引力仍然在努力地探索。

时空弯曲

牛顿的万有引力定律揭示了引力与万物的关系，爱因斯坦的广义相对论则将引力与四维时空的弯曲性质联系在一起。时空弯曲，弯曲的时空又影响其中物体的运动，使其运动轨迹成为曲线而非直线。如图4-1所示，一大片无限扩展的弹性网格上，大球的质量使网格下陷，小球在变形的网格空间中做圆周运动才不至于继续往下掉。大球的质量越大，网格的变形程度就越大。

图4-1中两个球的质量相差很大，小球的质量可以忽略。这种系统可以看成是大球不动，小球围着大球转。此时，网格下陷的形状基本保持固定，整个系统有一个相对稳定不动的公转中心，类似于太阳系。

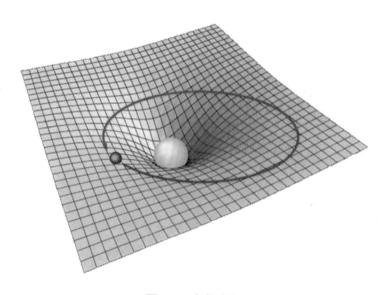

图4-1 弯曲时空

引力波的强度由无量纲数 h 表示，其物理意义是引力波引起的时空畸变与平直时空度规之比，h 又被称为应变。由图4-2可见，在引力波穿过圆所在平面的时候，该圆会因为时空弯曲而发生畸变。圆内空间将随引力波的频率会在一个方向上被拉伸，在与其垂直的方向相应地被压缩。为了便于解释引力波的物理效应，图4-2所显示的应变 h 大约是0.5，这个数值远远大于引力波的实际强度。哪怕是很强的天体物理引力波源所释放的引力波强度，到达地球时也只有 10^{-21}。这个强度的引力波在整个地球这么大的尺度上产生的空间畸变不超过 10^{-14} m，刚好比质子大10倍。形象地说，一列平面波形式的引力波向你传来时，你会忽而又高又瘦，忽而又矮又胖。当然，这个改变非常微小，以至于在日常生活中根本不会有任何可观测的影响。

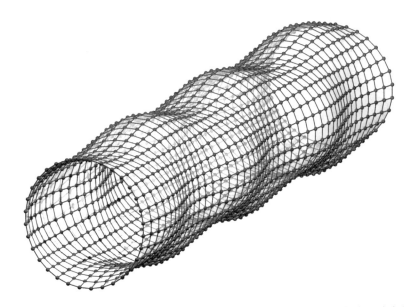

图4-2　引力波竖直穿过由静止粒子组成的圆所在的平面时，圆形状发生的变化

广义相对论将时空度规与其中的物质（包括能量）分布联系在一起，表达为引力场方程。

物质在运动、膨胀、收缩的过程中，会引起时空度规的变化，变化之传播便形成引力波。根据广义相对论，理论上任何加速运动的物体，不是绝对球对称或轴对称的时空涨落，都能产生引力波。但是，由于引力波携带的能量很小，强度很弱，而物质对引力波的吸收效率又极低，一般物体产生的引力波不可能在实验室被直接探测到。举例来说，地球绕太阳转动产生的引力波辐射，整个功率大约只有200 W，而太阳电磁辐射的功率是它的 10^{22} 倍。可以想象得到，照亮一个房间的电灯泡的功率，散发到太阳—地球系统这样一个偌大的空间中，效果将如何？所以，地球—太阳体系发射的微小引力波一直无法被检测到。

引力波

　　如果两个球的质量差不多，都非常大，那就应该是两个大球互相绕着转圈。如图4-3所示，系统有了两个相互做圆周运动的中心，弹性网格两个下陷最深的位置随着时间不停地改变，使得网格的形状也作周期变化，而这种变化又影响到距离两球更远处的网格形变。如此牵连下去，使得周期变化传向四面八方，形成"网格波"。

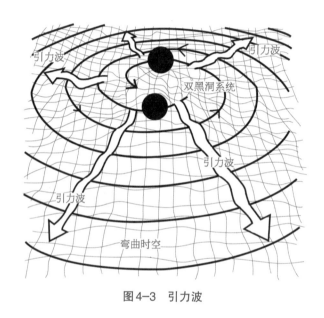

图4-3　引力波

　　将"网格波"（或涟漪）的比喻用到四维弯曲时空中，便是激光干涉仪引力波天文台LIGO在2015年9月14日探测到的引力波（gravitational wave）。

　　以上例子中的弹性振动引起的"网格波"，是一种机械波，四维时空中也有类似"网格"的几何量，称为度规。引力波便是时空度规变化之传播而形成的。所谓四维时空，指的是三维空间加上一维时间。1905年，爱因斯坦建立了狭义相对论，将时间和空间统一在一起。10年之后，爱因斯坦又在此基础上建立了广义相对论。1916年，爱因斯坦预言引力波的存在。广义相对论和牛顿引力定律一样，也是关于引力的理论，但它们从不同的观点来解释引力。比如说，当我们在地球上抛石头，石头沿着抛物线回到地面，石头为什么不走直线呢？牛顿说：是因为地球对石头的引力使它偏离了直线；而爱因斯坦说：是因为地球的质量使附近"时空"弯曲，石头走的是这个弯曲时空中的"直线"，即物理学上的测地线。在引力较弱、范围较小的场合，两个结论相差不大。但是，对于天文现象或者宇宙尺度范围的研究，就必须使用广义相对论，才能得到符合实验的准确结果。

2. 引力波来自哪里?

现在我们知道,引力波是四维弯曲时空中的"涟漪",是爱因斯坦广义相对论的推论之一,但是,我们又看不到引力波,如何证明引力波真的存在呢? 如果引力波真的存在,那么谁是它的"波源"呢? 引力波又是如何产生的呢?

引力波存在的证据

引力波存在的间接实验证据是由美国物理学家泰勒(Joseph H. Taylor,1941—)和赫尔斯(Russell A. Hulse,1950—)取得的。1974年,他们利用设在波多黎各的射电天文望远镜,发现了脉冲双星PSR1913+16。它是由两颗质量大致与太阳质量相当、相互旋绕的中子星组成。其中一颗已经没有电磁辐射,而另一颗还处在活动期,可以在地球上观测到它发射的射电脉冲。利用观测到的射电脉冲,可精确地获得两颗星在绕其质心公转时其轨道的长半轴及转动周期。

通过连续观测,他们发现其轨道的长半轴逐渐变小,绕质心转动的周期逐渐变短。这种变化可以利用广义相对论作很好的解释。根据广义相对论,当两个质量体绕其质

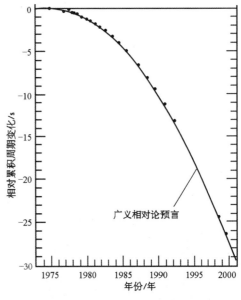

图4-4 PSR1913+16转动周期累积移动观测值与广义相对论预言值的比较

心转动时,由于体系的质量四极矩随时间发生变化,会产生引力辐射。辐射出的引力波带走能量使系统的总能量减小,从而使轨道的长半轴变小,公转周期变短。泰勒和赫尔斯对PSR1913+16连续观测达14年之久。这是人类得到的第一个引力波存在的间接证据,是对广义相对论引力理论的一大贡献。泰勒和赫尔斯因此荣获1993年诺贝尔物理学奖。在图4-4中,纵坐标表示相对累积周期变化,单位为s,取测量开始时周期变化为0 s。横坐标为测量年份。图中圆点表示测量值,曲线则是根据广义相对论的预

言值绘制的。可以看出，测量获得的数据与广义相对论的预言符合得很好。

引力波源

引力波的源大致可以分为四类：（1）短时存在并已经知悉的源，如致密双星的并合系统（图4-5），包括中子星–中子星、中子星–黑洞、黑洞–黑洞；（2）短时存在但未知悉的源，如非对称的超新星爆发；（3）长时存在并知悉的源，如非对称的自旋中子星；（4）长时存在并产生随机引力波的源，如宇宙早期暴胀时时空的量子涨落产生的原初引力波。

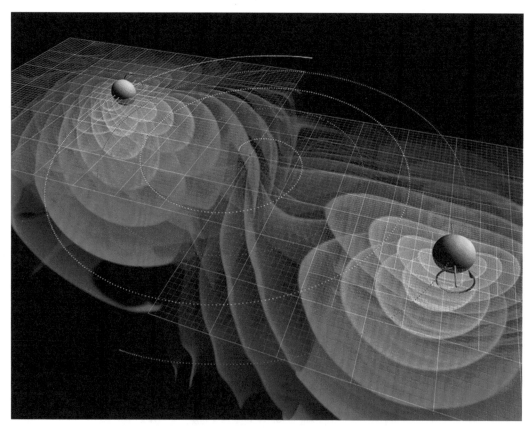

图4-5　致密双星的并合事件
（黑洞周围的彩色轮廓代表数值模拟的引力波振幅）

引力波的舞台是整个宇宙时空。波源因速度和场强的不同而呈现不同的特征。脉冲星、双子黑洞等，是低速$\left(\text{即 }\dfrac{v}{c}\ll 1\right)$波源，而黑洞（或中子星）的碰撞和超新星爆发等，是高速（$v-c$）波源。这些强引力事件的发生频率各不相同，对不同探测方法的敏感性也不同。例如，LIGO可能观测的双（中子）星结合事件每年平均大约40次。除了强烈的天体事件外，宇宙的大尺度时空结构和整体性活动，也是可能的引力波源，如宇宙弦（早期宇宙对称破缺相变产生的拓扑缺陷）、暴胀相变、原初黑洞、额外维效应以及微波背景辐射等。

　　不同的引力波来源有不同的频率（图4-6）。有的频率容易确定，如脉冲星的引力波；而对于多数情形，引力波的频率取决于引力源的固有频率，大致与质量成反比。不同频率（波长）的波决定了不同的观测技术。如$1\sim10$ kHz的波可以在地面观测（如LIGO），而低频波（10^{-4} Hz）只能在太空观测。

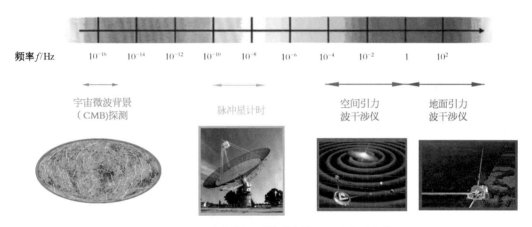

图4-6　不同引力波探测器对应的不同引力波频段

　　引力波按照频率的不同可分为下列各频带（图4-7）：

　　（1）甚高频带（$10^4\sim10^{12}$ Hz）：这是地面上探测引力波的高频共振腔最敏感的频带。

　　（2）高频带（$10\sim10^4$ Hz）：这是地面上探测引力波的低温共振器和激光干涉仪最敏感的频带。

　　（3）中频带（$10^{-1}\sim10$ Hz）：这是短臂长空间引力波探测激光干涉仪（$10^3\sim10^5$ km）最敏感的频带。

　　（4）低频带（$10^{-7}\sim10^{-1}$ Hz）：这是深空探测引力波的激光干涉仪（$10^6\sim10^9$ km）最敏感的频带。

　　（5）甚低频带（$3\times10^{-10}\sim10^{-7}$ Hz）：这是脉冲星定时实验最敏感的频带。

　　（6）亚极低频带（$10^{-14}\sim3\times10^{-10}$ Hz）：这是介于甚低频带和极低频带之间的频带，是类星体及射电源自行精密测量实验最敏感的频带。

　　（7）极低频带（$10^{-18}\sim10^{-15}$ Hz）：这是宇宙背景辐射不等向性和偏振实验最敏感的频带。

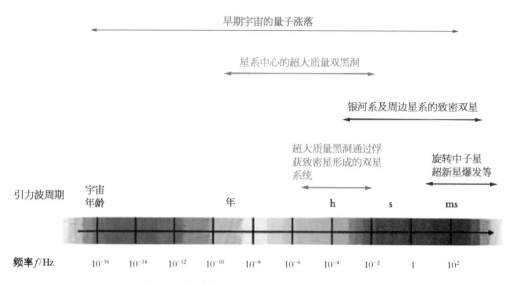

早期宇宙的量子涨落

星系中心的超大质量双黑洞

银河系及周边星系的致密双星

超大质量黑洞通过俘
获致密星形成的双星
系统

旋转中子星
超新星爆发等

引力波周期

宇宙
年龄   年   h   s   ms

频率f/Hz 10^{-16} 10^{-14} 10^{-12} 10^{-10} 10^{-8} 10^{-6} 10^{-4} 10^{-2} 1 10^2

图4-7　典型的引力波源及其对应的引力波频段

引力波对物质的作用

　　正如加速的带电粒子产生电磁波,加速的质量则会产生引力波。但是与电磁波的偶极产生机制不同,引力波是四极辐射,也就是物质分布的能动张量的四极矩随时间变化产生引力波。

　　引力波对物质的作用是怎样的?可以类比水波。水波有一个波长,以半个波长以内的浮在水面上的船为对象,这些船随着水波上下运动。距离比较近的船,由水波导致的高度差就比较小,而距离比较远的船,由水波引起的高度差就比较大。引力波也有类似的现象,两个自由下落的物体,当引力波入射的时候,这两个物体之间的距离会产生变化。产生距离变化的比例是引力波的振幅h。也就是说,距离为L的两个物体,在引力波入射时,它们的距离变化大约是hL。只要在波长以内,它们的距离越远,引力波导致的距离变化就越大。更详细地说,引力波是一个横波,它影响的是跟引力波传播方向垂直平面内的距离。沿着引力波方向的距离是没有变化的。

3. 人类对引力波的实验探索

早在1916年，爱因斯坦就根据弱场近似，预言了引力波的存在。为什么半个多世纪之后，引力波实验才提到日程上来？原因来自理论上的两大困难。首先，引力波的理论最初是同坐标选择有关的，以致无法弄清引力波到底是引力场的固有性质，还是某种虚假的坐标效应。其次，引力波是否从发射源带走能量，也是个十分模糊的问题，这使得引力波探测缺乏理论根据。直到20世纪五六十年代，解决了上述两大难题后，引力波的实验科学才开始蓬勃发展起来。

共振棒引力波探测器

早在1962年，美国物理学家韦伯领导的研究小组在马里兰大学建成了世界上第一个引力波探测器——共振棒（也称为韦伯棒），标志着人类对引力波的探测正式开始。该探测器是一个长1.5 m、直径0.61 m，质量为1.2 t的大型圆柱形铝棒（图4-8）。

共振棒引力波探测器的工作原理相当简单：其主体部分通过在中央位置的质心悬挂起来，可以自由地纵向振动。当引力波从垂直于棒体的方向到来时，会使棒所在的空间伸长或缩短，由于引力波的极化方向与棒的纵向轴基本平行，金属棒会随着引力波的频率伸长缩短地振动起来。当引力波的频率与棒的固有频率相等时，棒会产生共振，振幅达到最大值。棒的一个端面上装有传感器，

图4-8 韦伯与他设计的共振棒探测器
（引力波驱动铝棒两端振动，从而挤压表面的晶片，产生可测的电压）

将机械振动变成电信号，该信号经过放大、滤波和成形之后被记录下来。

韦伯的共振棒探测器在1965年开始运行，在1968年，他发表文章称放置于马里兰的两个探测器检测到相关信号，其中一组信号的相关性尤其好，发生错误的概率为

8 000年一次。而后他将其中一个探测器移到位于芝加哥的美国阿贡国家实验室，两个探测器相距1 000 km。在81天的时间里，他又声称观测到十几个相关信号。全世界范围内约10个研究组尝试重复韦伯的实验，但是都没有得到和韦伯相同的信号。

但是，共振棒引力波探测器有两个致命的缺点，第一是灵敏度低，第二是探测频带太窄。尽管采取了很多措施对共振棒进行了升级改造，终因灵敏度不够高而没有取得突破。从20世纪80年代起，世界上的共振棒引力波探测器就陆续关闭了，到21世纪初，共振棒引力波探测器彻底退出历史舞台，引力波探测陷入低谷。

图4-9 韦伯

约瑟夫·韦伯（Joseph Weber，1919—2000）美国物理学家。1969年底，韦伯在权威杂志《物理评论快报》上列出一系列零时延迟事件的超出值，并声明这是真正的引力波迹象。20世纪70年代初期，韦伯继续报告更多的信号，表明这些波动的确是从银河系中心传来的。到1972年，其他研究者都重复着韦伯的寻找工作，但什么也没有发现。韦伯的名望很快遇到了挑战，越来越多的人开始怀疑他所得出的结果的正确性，展开了旷日持久的大论战。不可否认，这位伟大的科学家的确激发了全世界寻找广义相对论中一个仍未被证实的预言的热情。

激光干涉仪引力波探测器

激光干涉仪引力波探测器的出现开辟了引力波探测的新时代。它的探测灵敏度高，探测频带宽，升级潜力大，给引力波探测带来新的希望。

LIGO是Laser Interferometer Gravitational-Wave Observatory的缩写，是借助于激光干涉仪来聆听来自宇宙深处引力波的大型研究仪器。截至目前，LIGO由两个干涉仪组成，每一个都带有两个4 km长的臂并组成L形，它们分别位于相距3 000 km的美国南海岸路易斯安那州利文斯顿（Livingston）（图4-10）和美国西北海岸华盛顿州汉福德

图4-10 位于美国路易斯安那州利文斯顿附近的臂长4 km的LIGO（激光干涉引力波天文台）

（Hanford）。每个臂由直径为1.2 m的真空钢管组成。在光学方面，它使用了高功率的连续稳定激光，加工极为精细的低吸收镜子。在机械方面，使用了被动阻尼和主动阻尼的隔振技术以及真空技术。在信息技术方面，举一个例子，它在2015年秋天的运算量相当于一台四核电脑运算1 000年。

在这之前，人类观测宇宙的手段均依赖于电磁波，引力波探测是我们获得的一种新能力。在宣布这个新发现时，LIGO的发言人说：我们不仅能"看"宇宙，而且能"听"宇宙。考虑到引力波的频段与声波有所重叠，这样的说法非常生动，甚至贴切。这次"听"到的引力波，频率在0.2 s内从35 Hz上升至250 Hz，像13亿光年外一只大鹏的啁啾。而激光干涉仪引力波探测器就像巨大的助听器，帮助地球上的人类倾听宇宙深处翘曲时空中发生的剧烈事件。

利用激光干涉仪测量引力波的方案在20世纪60年代初期由苏联普斯托瓦伊特（Pustovoit）和哥森史特因（Gertsenshtein）提出。和共振棒探测器相比，激光干涉仪最大的优点是能在较宽的频带范围内保持高探测灵敏度。第一台激光干涉仪原型机由福沃德（Forward）于1978年在马利布休斯实验室建成。长基线的激光干涉仪引力波探测器在20世纪90年代开始在世界各地建造，并于21世纪初期开始数据采集。

激光干涉仪引力波探测器原理

原则上讲，激光干涉仪引力波探测器是一台"变异"的迈克耳孙干涉仪，从激光器发出的一束单色的、频率稳定的激光，在分光镜上被分为强度相等的两束，一束经分光镜反射进入干涉仪的一臂，另一束透过分光镜进入与其垂直的另一臂，在经历了相同的渡越时间之后，两束光返回，在分光镜上重新相遇并在那里产生干涉。当引力波到来时，由于它独特的极化性质，会使干涉仪的一臂伸长而另一臂相应缩短，从而使两束相干光有了新的光程差，有一定数量的光线进入光探测器，使它有信号输出，探测到这个信号即表明已探测到引力波（图4-11）。

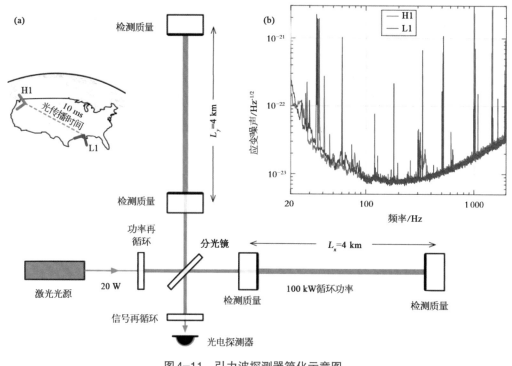

图4-11　引力波探测器简化示意图

迈克耳孙干涉仪

两面反射镜和分光镜分别构成两条等长为*L*的臂。当引力波传播到该干涉仪的时候，会在一个方向上使臂长压缩，在与之垂直的方向上使臂长拉伸。这一长度变化会改变该方向传播光的相位。在分光镜表面复合的光分别包含两臂长度变化的信息，并发生干涉产生干涉图样，被光电探测器检出。

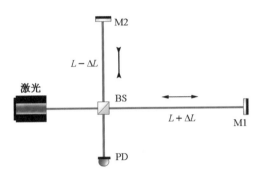

图4-12 迈克耳孙干涉仪基本结构示意图

激光干涉空间天线

在地球上很难探测低于1 Hz的引力波，因为在该频段，地球的引力成了噪声源，因此，探测更低频率的引力波需要把激光干涉仪放入太空中。欧洲航天局开始了激光干涉空间天线（LISA）项目，本来打算发射3颗卫星，组成一个边长为5×10^6 km的巨大三角形，卫星之间以激光束相连，在太空中进行观测（图4-13）。后来由于经费问题，

图4-13 激光干涉空间天线

推出了一个缩小版的eLISA项目。2015年12月3日，LISA探路者卫星发射，以检验eLISA项目涉及的关键技术，正式的eLISA卫星计划将于2034年启动。日本科学家也提出了DECIGO计划，拟开展空间引力波探测。

我国的引力波探测计划

随着引力波探测的悄然兴起，我国也加入了探测引力波的队伍。2008年，由中国科学院发起，中科院多个研究所及院外高校科研单位共同参与，成立了中国科学院空间引力波探测论证组，开始规划中国空间引力波探测在未来数十年内的发展路线图。空间引力波探测已被列入中国科学院制定的空间2050年规划。

太极计划

2016年2月16日，中国科学院召开媒体见面会，首次对外披露了我国引力波空间探测计划——"太极计划"。中国科学院院士、"太极计划"首席科学家胡文瑞透露，"太极计划"的设想之一是在2030年前后发射3颗卫星组成引力波探测星组，用激光干涉方法进行中低频波段引力波的直接探测，目标是观测双黑洞并合和极大质量比天体并合时产生的引力波辐射，以及其他的宇宙引力波辐射过程。

天琴计划

"天琴计划"是中山大学发起的科研计划，已于2015年7月正式启动。"天琴计划"的推动将使中山大学成为国际上引力波探测与空间精密测量领域的学术研究重镇之一，并成为推动后续一系列空间精密测量物理实验的研究基地。

据介绍，"天琴计划"实验本身将由3颗全同卫星（SC1、SC2、SC3）组成一个等边三角形阵列，卫星本身作高精度无拖曳控制以抑制太阳风、太阳光压等外部干扰，卫星之间以激光精确测量由引力波造成的距离变化（图4-14）。"天琴"的重要探测对

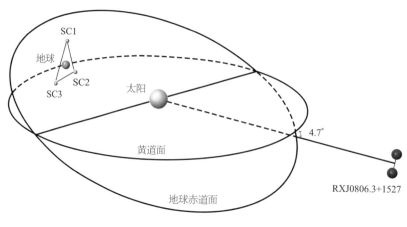

图4-14 "天琴计划"示意图

象是一个周期仅有5.4 min的超紧凑双白矮星系统RXJ0806.3+1527产生的引力波。

与美国的LIGO相比，"天琴计划"引力波探测会有光学辅助手段。此外，与LIGO探测到的短时间的爆发型引力波不同，"天琴"探测的低频段的连续型引力波，可以持续验证。

"天琴计划"不仅仅是基础研究，其发展起来的关键技术可用于很多领域，如精确测量地球重力场，使人类更加深刻地了解地球、水资源和矿产资源的分布和变化。又如精确测量距离，大到两颗卫星之间的距离，小到一个原子尺度的变化，都可以精确测算出来。

阿里计划

除了前面讲到的空间引力波探测"天琴计划"，原初引力波的探测是引力波领域研究的下一个重要科学目标，我国科学家正在利用西藏阿里地区高海拔的天然优势，开展北半球首个搜寻原初引力波的望远镜计划。

就国际上而言，目前地面观测项目集中在发展相对成熟的智利天文台和美国南极科考站两个台址。然而，早在10年前，中科院国家天文台就在阿里建设观测站，如今已颇具规模。

北半球上的阿里天文台（图4-15）位于我国西藏阿里地区狮泉河镇以南约20 km、海拔5 100 m的山脊。这里海拔高、云量少、水汽含量低、透明度高，同时具备望远镜建设与运行的基础。阿里台经过2009年以来的发展、建设已经相对成熟，其地理上位于最佳的中纬度范围，充分利用地球自转，覆盖天区广。

阿里计划的原初引力波实验是利用阿里地区独特的地理气象条件，实现首次对北半球可见天区的原初引力波搜寻，是我国独具优势的引力波研究项目。

图4-15　位于西藏的阿里高原实验室

4. 引力波的探测

1916年，爱因斯坦预言了引力波的存在，半个多世纪之后，科学家们争先恐后地进入了引力波实验探测的领域。探测到引力波固然使人欣喜，但是引力波探测对人们的日常生产、生活有什么影响呢？为什么科学家们如此固执地不断追寻引力波的足迹？

为什么要探测引力波

1915年，爱因斯坦提出了广义相对论，第二年就预言了引力波的存在。尽管泰勒和赫尔斯发现的双星系统PSR1913+16的轨道周期变化可以由引力辐射给出很好的解释，但这只是引力波存在的间接证据。经过了整整一个世纪之后，美国科学家宣布他们直接探测到了引力波。引力波的发现验证了广义相对论的预言，将会促进引力量子化的研究。几百年来，天文学的发现主要靠电磁波的测量。

引力波的发现会开启探索宇宙的新窗口，引领人类进入引力波天文学的新时代。致密双星并合系统的质量可以由波形的形状来确定，从而确定该系统的光度距离；遥远的引力波源也可以作为标准烛光，用来测量宇宙的膨胀历史。随着引力波探测精度的提高，可以用以验证广义相对论，了解黑洞的并合过程，理解中子星的物态方程，研究宇宙的物质分布和大尺度结构的形成过程等。

如何探测引力波

当引力波经过时，在引力波传播方向的垂直平面内的时空会引起伸缩变形，从而引起自由检验粒子之间距离的伸缩，激光干涉引力波探测实验的探测原理就是通过激光干涉来探测臂长距离的变化。

如图4-16所示，引力波通过探测器的前半个周期，一个臂被拉长，另一个成直角的臂缩短，在后半个周期刚好相反。由于引力波有两个独立的极化方向，从而可以确定引力波源的方向。只有两个不同地点的探测器同时探测到同一引力波信号，才可以

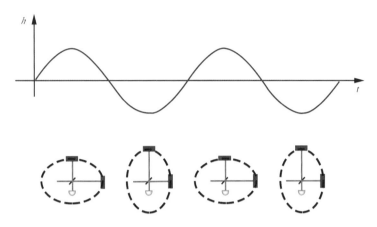

图4-16　引力波对迈克耳孙激光干涉仪中检验质量的效应

确定引力波源距探测器的距离。另外，引力波源的质量由引力波的波形确定。

由于天文事件产生的引力波非常弱，探测引力波非常困难。典型的致密双星并合系统产生的引力波无量纲振幅为10^{-21}，对于一个臂长4 km的探测器，通过的引力波引起的臂长变化为10^{-18} m。若让激光在臂内往返100次，就可以增加光路的有效长度100倍，大大提高了探测器的灵敏度。地面激光干涉探测实验的敏感频段大约从几十到几百赫，而空间激光干涉探测器可以探测毫赫的低频引力波。除了激光干涉探测实验外，可以利用脉冲星计时阵列来探测纳赫的低频引力波。毫秒脉冲星能给出非常稳定的精确的周期信号，通过的引力波能改变脉冲星与地球间的距离，从而改变了接收到的脉冲星信号，达到测量引力波的目的（图4-17）。

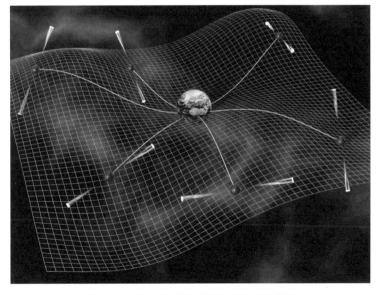

图4-17　引力波对脉冲星计时阵列的效应

5. 从引力波追踪"黑洞"

2015年2月11日，LIGO召开了新闻发布会，向全世界宣布首次直接探测到了引力波的消息，据说是遥远宇宙空间之外的，由两个黑洞（36倍太阳质量和29倍太阳质量）碰撞并合成一个62倍太阳质量的黑洞所引发。全世界都为之振奋，天文界和物理界的专家们更是激动不已。

那么，引力波的探测与黑洞有何关系？它对我们的科学技术将有何影响？

黑洞

有关黑洞的探讨，可以追溯到200多年前的经典力学时代。当时的科学家，比如拉普拉斯，把此类天体叫做"暗星"。

首先于1783年提出"暗星"概念的英国人米歇尔，是一位地质学家，却对天文学感兴趣。他使用牛顿力学定律计算质量为m的运动物体相对于某个质量为$m_星$的星球的逃逸速度v_e。如果运动物体的质量m很小，可以忽略不计时，逃逸速度与星球质量有关：

$$v_e = \sqrt{\frac{2Gm_星}{r}}$$

只有当物体相对星球的运动速度v大于逃逸速v_e时，物体才能挣脱星球引力的束缚，逃逸到宇宙空间中。这个概念也被拉普拉斯提出并写到他的《宇宙系统》一书中，成为黑洞概念的萌芽。

根据拉普拉斯和米歇尔的预言，如果星体的质量$m_星$足够大，它的逃逸速度v_e将会超过光速，这意味着即使是光也不能逃出这个星球的表面，那么，远方的观察者便无法看到这个星球，因此，它成为一颗"暗星"。

1915年，爱因斯坦建立了广义相对论。紧接着，物理学家施瓦西首先为这个划时代的理论找到了一个球对称解，叫做施瓦西解。这个解为我们目前现代物理学中所说的黑洞建立了数学模型。

从广义相对论的角度来说,黑洞是空间的一个奇点,可以用时空弯曲的不同程度来粗略地理解"黑洞"(图4-18)。

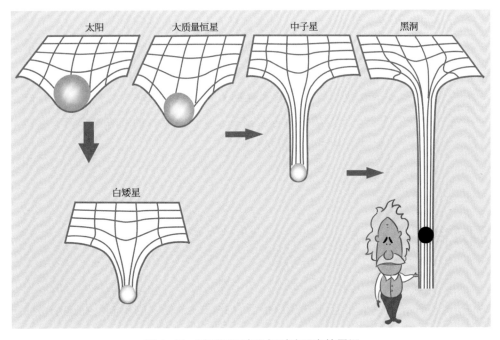

图4-18 爱因斯坦广义相对论预言的黑洞

质量比较大的星体,诸如恒星,能使其周围的时空弯曲,可以将此比喻为一个有重量的铅球,放在弹性材料制造的网格上,使得弹性网格弯曲下陷。图4-18中的太阳,在恒星中质量算是中等,弹性网下陷不多。除了太阳之外,图中还显示了质量密度更大的恒星、白矮星、中子星等的情况。不同大小的质量密度引起时空不同的弯曲,密度越大,弯曲程度越大,相应的,图中弹性网格的下陷也越深。由图中的描述,黑洞可以看成是当"引力坍缩"后,物体体积极小、质量密度极大时的极限情形。质量太大,引起时空极大弯曲,质量大到弹性网格支撑不住而"破裂"成为一个"洞"。这时候,任何进到洞口的物体都将掉入洞中再也出不来。

"暗星"发现小趣闻:当初拉普拉斯和米歇尔得出"暗星"结论是根据

牛顿的光微粒说，计算基础是认为光是一种粒子。有趣的是，后来拉普拉斯将这段有关暗星的文字从该书的第三版中悄悄删去了。因为在1801年，托马斯·杨的双缝干涉实验使大多数物理学家接受了光的波动理论，微粒说不再得宠，于是拉普拉斯觉得，基于微粒说的"暗星"计算可能有误，新版的书中还是不提为妙。最有意思的是，虽然拉普拉斯等有关暗星的计算基础（光的微粒说）是错误的，他们得出的基本结果（黑洞半径）却与施瓦西解得到的"施瓦西半径"完全一致。因为拉普拉斯等人在计算半径的过程中犯了多次错误，最后，这些错误刚好互相抵消了！

黑洞并合

黑洞既然会吞噬周围的一切，那么，两个黑洞碰到一起会发生什么？最简单、最直观的猜测应该是：它们将互相吞噬，最后合并成一个更大的黑洞。在这个碰撞融合的过程中，一定会以引力波的形式释放大量能量。

根据广义相对论计算可知，在两个黑洞相互接近绕转的过程中，系统会不断向外辐射引力波，而引力波的辐射会把两个黑洞之间的引力势能降低，损失系统的轨道能量，使两黑洞越来越靠近。随着两个黑洞的距离变小，它们之间相互绕转的频率会变得更高，所辐射的引力波的振幅也越来越大，最后两个黑洞相互碰撞进而合并在一起（图4-19和图4-20）。这是符合猜想的。

具有两个黑洞的双星系统，成为探测引力波的热门候选天体，LIGO的观测目标便是指向这类天体。2015年，LIGO向全世界宣布的消息，就是由两个黑洞（36倍太阳质量和29倍太阳质量）碰撞并合成一个62倍太阳质量的黑洞所引发。显然这儿有一个疑问：36+29=65，

图4-19 双黑洞系统PKS 1302-102

图4-20 碰撞合并发出巨大的引力波

而非62！还有3倍太阳质量的物质到哪儿去了呢？其实这正是我们能够探测到引力波的基础。相当于3倍太阳质量的物质转化成了巨大的能量释放到太空中！正因为有如此巨大的能量辐射，才使远离这两个黑洞的小小地球上的我们，探测到了碰撞融合之后传来的已经变得很微弱的引力波（图4-21）。

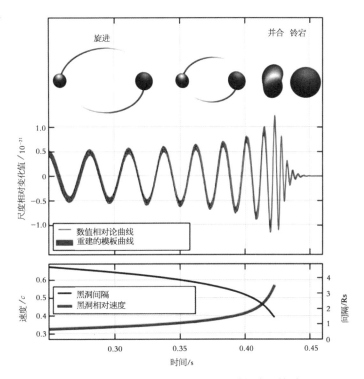

图4-21　黑洞的间距和相对速度随时间演化的过程

参考文献

[1] 胡一鸣.LIGO发现引力波：一个新时代的起点[J].自然杂志，2016，38（2）：79-86.

[2] 刘国卿.解密引力波——时空震颤的涟漪[J].物理与工程，2016，26（2）：10-18.

[3] 刘见，王刚，胡一鸣，等.首例引力波探测事件GW150914与引力波天文学[J].科学通报，2016，61（14）：1502-1524.

[4] 李泳.引力波：时空的涟漪，天球的乐音[J].物理，2016，45（5）：287-292.

[5] 朱宗宏，王运永.引力波的预言、探测和发现[J].物理，2016，45（5）：300-310.

[6] 苏萌.引力波会告诉我们什么——从LIGO首次直接观测到黑洞引力波说起[J].科技导报，2016，34（3）：34-38.

[7] 郭宗宽，蔡荣根，张元仲.引力波探测：引力波天文学的新时代[J].科技导报，2016，34（3）：30-33.

[8] 罗子人，白姗，边星，等.空间激光干涉引力波探测[J].力学进展，2013，43（4）：415-447.

[9] 汤克云，康飞，王运永，等.爱因斯坦引力波探测：中国在行动[J].科学中国人，2004（6）：32-33.

[10] 曹周键.引力波探测和引力波天文学[J].现代物理知识，2015，27（5）：40-44.

[11] 张天蓉.引力波与黑洞[J].自然杂志，2016，38（2）：87-93.

[12] 张新民，苏萌，李虹，等.宇宙起源与阿里原初引力波探测[J].物理，2016，45（5）：320-326.

[13] 梅晓春，俞平.LIGO真的探测到引力波了吗？——电磁相互作用的存在导致LIGO探测引力波的实验无效[J].前沿科学，2016，10（1）：79-90.

第五章　什么是虫洞？

- 物理定律允许有时空隧道吗？
- 黑洞和白洞能作为时空隧道吗？
- 虫洞之旅

　　星际旅行从科学上看，是否可信？物理定律对先进的文明会有什么限制？吞噬一切的黑洞和喷射一切的白洞能不能作为星际旅行的通道？萨根为什么最终在小说中选择了虫洞作为时空隧道？让我们一起走进虫洞的世界，探索有关虫洞的秘密。

物理定律允许有时空隧道吗？

萨根的"虫洞旅行"风靡了科幻界。但在展开虫洞之旅前，我们先思考几个问题：小说中的情节，从科学上看，是否可信？基本物理定律所能够容许的是什么？物理定律对先进的文明会有什么限制？

小说里的虫洞旅行

1985年，美国康奈尔大学天文学家、行星探测专家、科普作家萨根发表了一部科幻小说——《接触》。小说讲述了研究地外文明和外太空生命的科学家发现了一组从宇宙中心发来的神秘信号，以包括中国在内的五国科学家为代表，通过虫洞，在非常短的时间内旅行到了距地球26光年的织女星附近，对地外文明进行探访，并顺利返回了地球。

萨根认为时空隧道的洞口一个是黑洞，另一个是白洞，做星际旅行的人从黑洞进入，从另一端的白洞冒出，如图5-1所示。萨根写小说时希望将涉及科学的内容写得更准确一些，但他对引力物理的内容不太确定，于是打电话询问好友——加州理工学院的物理学家索恩。

索恩收到书稿后一边阅读一边思考，小说写得非常吸引人，但确实也存在一些问题。在小说中，女主人公阿洛维落进地球附近的一个黑洞，进入时空隧道，并在1 h后到达织女星旁。所有黑洞都会受到电磁真空小涨落和辐射的攻击，因此不可能从黑洞

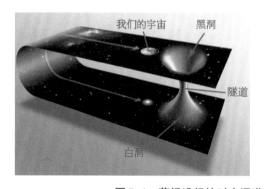
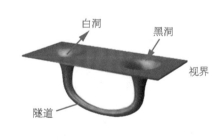

图5-1　萨根设想的时空通道，通道口是黑洞和白洞

的中心穿过超时空到达宇宙的另一部分。

索恩经过思考后认为，萨根可以将黑洞换成由索恩的导师、美国物理学家惠勒提出的穿过超空间的虫洞（图5-2）。

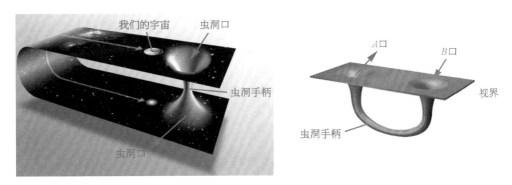

图5-2　索恩设想的时空通道，通道口是虫洞

小说发表后，萨根的"虫洞旅行"很快风靡了科幻界，成为科幻作家竞相追随的星际旅行方式。不仅如此，小说在科学研究领域也促成了一个重要的新方向。《接触》激发了理论物理学界去研究一些极端的时空弯曲；这些研究又对空间和时间的本质产生了新的认识。

物理定律允许有星际旅行虫洞吗？

在20世纪，有两次革命给我们带来了两组新的物理定律（图5-3）：第一组是爱因斯坦1915年发表的广义相对论，他在这个理论中告诉我们，时空能够被致密的物质和能量所弯曲，而这个弯曲部分表现为引力；第二组是在20世纪二三十年代发展的量

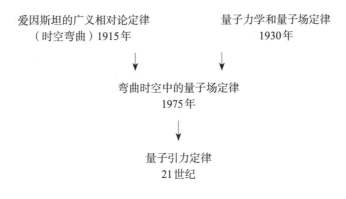

图5-3　用萨根式的提问探究物理定律

子力学和量子场定律，那是支配原子、分子、光粒子（光子）和其他极其微小实体的规律。

科学家画廊

图5-4 萨根

卡尔·爱德华·萨根（Carl Edward Sagan，1934—1996） 美国天文学家、天体物理学家、宇宙学家、科幻作家。他是非常成功的天文学、天体物理学等自然科学方面的科普作家，行星学会的成立者。第2709号小行星、火星上的一个撞击坑均以他的名字命名。

基普·S·索恩（Kip Stephen Thorne，1940— ） 美国理论物理学家。他的主要贡献在于引力物理和天体物理学领域，很多活跃于相关领域的新一代科学家都曾经过他的培养和训练。目前担任加州理工学院费曼理论物理学教授，是当今世界上研究广义相对论下的天体物理学领域的领导者之一。

图5-5 索恩

自发生这些革命以来已经过了半个世纪，在广义相对论和量子力学之下一定有一组统一的规律。在这些统一的规律中，支配庞大物体的时空弯曲一定会跟支配微小物质的量子力学融合在一起。时空弯曲和量子力学必须合为一体，形成一组新的定律，称为量子引力。这些新的量子定律则支配着黑洞中心和形成我们宇宙的大爆炸奇点那里所发生的一切。

下面我们用萨根式的提问去探究时空弯曲规律的所有范围：广义相对论、弯曲时空中的量子场定律，以及量子引力定律。

2. 黑洞和白洞能作为时空隧道吗？

什么是黑洞与白洞？吞噬一切的黑洞和喷射一切的白洞能不能作为星际旅行的通道？若要完成星际旅行需要克服哪些困难？时空坐标互换、引力红移、潮汐力会对星际旅行产生哪些影响？

牛顿理论与广义相对论对暗星的预言

英国剑桥大学的米歇尔和法国数学家、物理学家拉普拉斯最早预言了黑洞（最初称为"暗星"）（图5-6）。由牛顿的力学定律和光的微粒说可知，质量为m的光子的势能和动能分别为：

$$E_p = \frac{Gm_{天体}m}{r}$$

$$E_k = \frac{1}{2}mv^2$$

当$E_p \geq E_k$时，光子不能从天体表面逃离。

图5-6　黑洞示意图

米歇尔和拉普拉斯认为，一个质量足够大并且足够致密的恒星会产生非常强大的引力场，甚至连光都不能逃逸，这里的逃逸是指任何从恒星表面发出的光，还没到达远处就会被恒星的引力吸引回来。米歇尔提出，可能存在大量这样的恒星，它们发出的光没有到达我们的眼睛，所以我们看不见这些恒星，但我们仍可以感受到它们的引力。

米歇尔和拉普拉斯计算出"暗星"形成的条件：

$$r = \frac{2GM}{c^2}$$

其中，G 为引力常量，$m_星$ 为天体的质量，r 为天体的半径，c 为光速。

但上述推导存在两个错误：一是根据相对论，光子的动能应为：

$$E_k = mc^2$$

二是万有引力本质上是时空弯曲，$E_p = \dfrac{Gm_星m}{r}$ 应改为广义相对论的式子。然而，这两个错误的作用相互抵消，米歇尔和拉普拉斯得到的条件仍是正确的。

美国科学家奥本海默等人在1939年从广义相对论出发，得到公式 $r = \dfrac{2GM}{c^2}$，再次预言了"暗星"的存在。广义相对论认为，万有引力是时空弯曲的表现。物质的存在使周围的时空产生弯曲，质量越大的地方，时空弯曲越厉害。当恒星处的时空弯曲到使光都不能逃向远方的时候，远方的观测者将看不见这颗"暗星"（图5-7）。

图5-7　黑洞示意图

美国科学家惠勒在1969年将这类"暗星"命名为黑洞。惠勒把 $\dfrac{2Gm_{星}}{c^2}$ 称为引力半径，即黑洞的半径。

 工具箱

> **欧几里得虫洞**：这是一种可瞬间通过的虫洞，它经历的是"虚时间"，和我们通常用的时间是不同的。如果欧几里得虫洞是连接两个宇宙的时空隧道，在我们看来，一个人经过这种虫洞前往其他宇宙根本不需要时间。他会从我们面前瞬间消失，同时出现在另一个宇宙之中。如果欧几里得虫洞并不通往其他宇宙，而是与本宇宙相通，例如连通北京和成都，那么"旅行者"会瞬间从雄伟的长城上消失，突然出现在春熙路人来人往的大街上。这是多么神奇的事情！更为有趣的是，这类虫洞还可能通向我们的过去或未来。"旅行者"可能还背着书包穿着校服，一瞬间在唐朝出现，被唐朝满脸惊讶的人群层层包围。

黑洞一开始仅是一个数学概念——一个方程的解。没有人知道宇宙中有没有黑洞存在。随着研究的深入，人们探索出研究黑洞的方法。比如，黑洞虽然完全不发光，但它的引力产生的空间弯曲效应可以通过观测它旁边的星光的扭曲来验证。

时空坐标互换

在萨根的小说里，他让女主人公穿过了黑洞。黑洞是空间的一种极端弯曲的形式。黑洞不是由物质构成的，它完全是由空间弯曲和时间弯曲所构成。黑洞是一个三维的，在图5-8中用二维的比拟画了出来。

爱因斯坦场方程是一组有关时空度规的二阶非线性偏微分方程，方程组的求解非常困难。在20世纪60年代以前，物理学家对广义相对论的场方程在很多研究中都局限于各种各样的简化条件下场方程的求解。其中最著名的成果之一是德国物理学家施瓦西在1916年得出的施瓦西解——一个不随时间变化的球对称星体外部的时空弯曲情况，这个解在无穷远处回到平直空间。

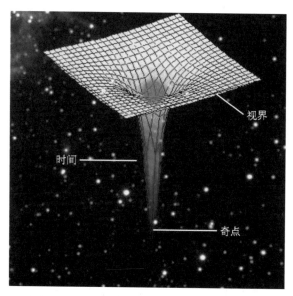

图5-8 黑洞周围和其中空间弯曲的描绘，去掉了空间的一个维度

施瓦西解存在奇异性，在施瓦西解中的$r=0$处是物理奇点。奇点是时空无限弯曲的一个点。它既可以是宇宙大爆炸前宇宙存在的形式，也可以是超级恒星坍缩成黑洞的"奇点"。$r = \dfrac{2Gm_星}{c^2}$是黑洞的表面，称为事件视界，简称为"视界"。视界是从黑洞中发出的光所能到达的最远距离，也就是黑洞最外层的边界。视界以外的观察者无法利用任何物理方法获得视界以内的任何事件的信息，或者受到视界以内事件的影响。

黑洞内部具有"时空坐标互换"的特点。从黑洞外部看，它是一个半径为r的球体，其时间坐标是t，空间坐标是r。但在黑洞内部，时空坐标互换，时间坐标变成r，空间坐标变成t。

时间与空间的区别在于时间具有方向性。时空坐标互换后，黑洞内部时间指向$r=0$。因此，进入黑洞的物体只能朝向$r=0$运动。$r=0$成为时间终结的地方。

但是，"时空坐标互换"仅是黑洞外的观测者的观点。在黑洞内部由于与外部所经历的时间不同，因此不会感到这样的变化。

引力红移

广义相对论的时空弯曲效应，在引力越强的地方，时空被弯曲得越厉害，也就是时间变得越慢。地面上的地球引力比在高山上的引力要大，所以地面上的时钟会比高山上的时钟走得慢一点。

根据广义相对论可推知，太阳附近的钟，会比地球上的钟走得慢。事实上，我们不可能在太阳表面放一个钟，即使放一个钟也不敢用望远镜去看，太阳光实在太强了。但我们知道，每种元素都有特定的光谱线。一根频率为 ν 的光谱线，表示原子内部有一个以频率 ν 走动的钟，太阳表面有大量氢原子，因此可以比较太阳附近氢原子发射的光谱线和地球实验室中的氢光谱线来进行检验。由于太阳附近的钟变慢，那里射过来的氢原子光谱线（与地球上的氢光谱比较）频率会减小，即谱线会向红端移动。这就是广义相对论预言的引力红移，它反映了太阳表面的钟会变慢，后来的观测实验证实了这一预言。

黑洞（图5-9）表面的时空弯曲非常大。在地球上观察，光源射出的光会发生无限大的红移，频率减小为零，波长增至无穷大。实际在地球上根本看不到这样的光。

图5-9　黑洞示意图

设想飞船飞向黑洞，地球上的观察者观察到飞船越飞越慢。同时，由于引力红移越来越大，能被观察到的光子越来越少，飞船变得越来越红，越来越暗，最终消失在黑暗中。这些皆是通过广义相对论得到的推论。

支配潮汐的力量

潮汐力是万有引力的一种效果。当引力源对物体产生力的作用时，由于物体上各点到引力源的距离不等，所以受到大小不同的引力，从而产生引力差，对物体产生撕扯的效果，这种引力差就是潮汐力。

在日常生活中存在很难被察觉的潮汐力。站在地面上的人会受到地球的万有引力。假设某人身高1.80 m，重心处的重力加速度为g，由于脚距地心的距离比头近，脚部单位质量所受的重力大于g，头部的则小于g。这种情况可以认为是这个人各部分除受均匀的单位质量重力g外，再附加一对向两侧外拉的潮汐力。经理论计算和实际测试可知，一位直立身高为1.80 m的人，脚部单位质量所受重力相当于头部单位质量所受重力的1.000 000 8倍，若此人体重900 N，则他除了受有900 N的重力外，还同时受到一对大小约为70 N的拉力。此拉力有将他的头与脚分开之势。这就是此人在地面所受到的潮汐力。

在地球中心与月球中心的连线上，取与地球表面相交的A、B两点，这两点到月球的距离相差了一个地球的直径，正是这个差距造成了月球对A、B两点的万有引力差，正是这个差造成了A、B两点的海水涨潮，而与AB连线成垂直的方向上，海水落潮。

月球引力是造成海水落潮的主要因素，此外太阳引力也是一个因素。当月、地、日在一条连线上时，A、B两处涨大潮。当月地连线与日地连线垂直时，A、B两点涨小潮。

工具箱

洛伦兹虫洞：可以想象成日常生活中所说的隧道，它的洞口就像一个球。人进入这类虫洞的洞口会发现洞内有一条时空隧道，即虫洞本身，通向其他宇宙。洛伦兹虫洞的两个开口也可能处在同一宇宙中。这样的宇宙，从A点运动到B点的飞船有两条路可走。一条是穿过虫洞到达B点，另一条是不穿过虫洞到达B点。如果有一对双生子，各驾驶一艘飞船，其中一个穿过虫洞到达B点，另一个不穿过虫洞到达B点，他们两人经历的时间一般来说不会相同。他们再次相会时，年龄也会有差别。现今的一些研究发现，可通过的洛伦兹虫洞经过改制后，可以变成"时间机器"或"时光隧道"，航天员通过它后，有可能回到自己的过去，见到最初出发时的自己，甚至有可能通过"时间机器"前往"未来"。

趣闻插播

　　虫洞小魔术：虫洞有两个口，每一个都是球面，有些像一个大橡皮球的表面，但不是由橡皮构成，而是由空间弯曲造成的。如果你把一只手放到一个口（一个球）里面，即便另外的那个口是在6 m以外，你也会从另一个口看到你的手指露出来，就好像虫洞口有篮球那么大，而虫洞本身（两个口之间的连接）又非常短，例如只有2 cm。简要地说，虫洞是空间拓扑结构中的一个把手，它以无从预料的方式使你的手指穿越整个空间：通过穿越那个虫洞（那个把手，即2 cm的距离），而不是穿越正常的空间（6 m的距离）。

时间反演——白洞

　　白洞（图5-10）和黑洞都产生于广义相对论的理论假说。广义相对论具有时间反演不变性，因此，在白洞与黑洞之间必然存在着不可分割的联系，即它们彼此互为时间对称的反演对象。

图5-10　白洞示意图

我们知道,由于"时空坐标互换",在黑洞内部,r是时间坐标,时间指向$r=0$处。因此,落入黑洞的任何物质,都必须沿着时间跑向奇点。然而,在白洞的洞内,时间流逝的方向与黑洞相反,是指向r增加的方向。任何物质都会沿着r向外跑。因此,白洞是宇宙中的喷射源,不断向外界喷射物质和能量。

很多原则上存在的时间反演过程实际上是不可能出现的。比如向水中丢一颗石子,发出"咚"的落水声并且荡起一圈圈涟漪。若出现时间反演,涟漪和声波收缩,石子从水中弹出回到手中,这几乎是不可能的。白洞作为黑洞的时间反演也是如此。此外,反演黑洞必须反演它的蒸发过程,这是极为困难的。

不仅如此,以施瓦西黑洞为例,对于外部观察者,物体到达事件视界的时间是无穷的。相应的,如果存在白洞,对于外部观察者,物体从事件视界喷出的时间也是无穷的。因此,通过白洞进行星际旅行的希望极其渺茫。

科学家画廊

图5-11 惠勒

约翰·阿奇博尔德·惠勒(John Archibald Wheeler,1911—2008) 美国物理学家、物理学思想家和物理学教育家。4岁时,惠勒就对宇宙产生了浓厚的兴趣,英国著名生物学家兼科普作家约翰·阿瑟·汤姆生的《科学大纲》曾让他爱不释手。作为物理学家,惠勒最重要的工作是与玻尔合作,在1942年共同揭示了核裂变机制,并参加了研制原子弹的"曼哈顿工程"。

3. 虫洞之旅

虫洞是宇宙中相距遥远的两点间的一条假想的捷径。虫洞的洞口是什么样子的？"可穿越虫洞"需要具备哪些条件呢？奇异物质的"奇异"之处在哪里？

虫洞物理学

黑洞、白洞都不能进行星际旅行，自然就轮到虫洞出场了。虫洞是宇宙中相距遥远的两点间的一条假想的捷径。设想空间中两个点之间的连接方式可能不只一条，如图5-12所示，我们将宇宙理想化为二维而不是三维，宇宙的空间在图中表现为一张二维面。A和B是空间中的两点，在正常情况下，我们从A到B是沿着①号路径。若存在虫洞，我们从A到B可沿着②号路径。但是，这

图5-12 虫洞示意图

样看来，虫洞反而使路线变得更长。有这样的疑惑，是因为我们身处在宇宙中感受不到宇宙在超时空里是平直的还是弯曲的。实际上时空图能使距离极度变形。如果把图两端往下折叠起来，虫洞就变为了一条短短的通道。

根据天文观测，织女星与地球之间相距26 l.y.，假定乘坐速度高达0.9c的飞船从地球飞到织女星需近29年的时间。但是，宇宙中若存在这样一个虫洞，它有两个洞口，一个洞口在地球附近，另一个洞口在织女星附近，由于洞内的距离可能仅有1 km，我们将有望从地球出发经过虫洞到达织女星。虫洞似乎能够为星际旅行提供一条捷径！

虫洞的洞口是什么样的呢？在二维宇宙中，虫洞的洞口被画成了一个圆，因此在三维宇宙中，洞口应该是一个球。实际上，虫洞的洞口类似于无旋转黑洞的球状视界。不过，黑洞的视界是"单向"的，即任何事物都只能进去而不能出来。虫洞的洞口却是"双向"的，我们既可以进入虫洞中，也可以回到外面的宇宙。

虫洞不是由科幻作家凭空想象出来的，早在1916年，就有科学家通过数学在爱因斯坦场方程的解里发现了虫洞。后来，在20世纪50年代，美国物理学家惠勒和他的研究小组用不同的数学方法对虫洞进行了广泛的研究。

惠勒是"虫洞"这一概念的提出者。20世纪50年代，惠勒期望将物理学几何化，

于是对"几何动力学"这一新兴的领域展开研究。其中一个步骤是将粒子几何化,惠勒引入了物理空间的多连通结构,这种多连通结构的简单图示就是典型的虫洞图示。在图示中,电磁场的力线从虫洞的一端进入,又从另一端出去。惠勒和米斯纳在论文《作为几何学的经典物理学》中表示,拓扑学家们把他们提出的结构叫做"多连通空间",但物理学家们更愿意将其生动地命名为虫洞。

惠勒从概念层面提出虫洞。之后,索恩和莫里斯细致地研究了可作为时空隧道的"可穿越虫洞"。惠勒是虫洞研究的先驱者,索恩和莫里斯则是可穿越虫洞研究的开创者。

工具箱

第一个虫洞——爱因斯坦-罗森桥:爱因斯坦与以色列物理学家罗森提出了后来被称为爱因斯坦-罗森桥的广义相对论的特殊解。图5-13中上下两个面各代表一个宇宙,中间相连接的曲面管道就是"虫洞"。需要注意的是,这个通道并不是指管子中的空间,而是指管壁。

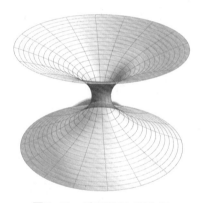

图5-13 爱因斯坦-罗森桥

当时,"虫洞"和时空隧道的名称还没有被提出。爱因斯坦和罗森称其为"喉",后来人们把它叫做"爱因斯坦-罗森桥"。它是从描述施瓦西黑洞的施瓦西度规中构造出来的,因此可在一定程度上被视为是通过黑洞进行星际旅行这一设想的理论渊源。

"可穿越虫洞"(图5-14)需要具备哪些条件呢?我们可以通过将黑洞作为时空隧道的失败之处借鉴经验。首先,"可穿越虫洞"不能存在事件视界;其次,虫洞中由于引力的不均匀造成的潮汐力必须在人体所能承受的范围内。

此外,"可穿越虫洞"还需要满足一般的理论条件。第一,满足广义相对论的场方程;第二,物质的能量动量张量在物理上存在,并且物质的数量是可观测宇宙可以提供的;第三,飞船通过时可穿越虫洞必须保持稳定。

图5-14　虫洞示意图

为了便于计算，索恩和莫里斯引入了一些简化条件。第一，假设可穿越虫洞的度规是静态球对称的；第二，假设可穿越虫洞的径向坐标值是唯一的；第三，假设可穿越虫洞的出入口分别连接渐进平直时空。

负能量的挑战

可穿越虫洞的物质分布会破坏零能量条件。物理学家把这样的物质称为"奇异物质"，奇异物质也叫做负能量物质。可通过的虫洞需要用"奇异物质"来撑开。奇异物质的"奇异"之处就在于它破坏了零能量条件。换句话说，奇异物质的"奇异"之处在于在物理学中，能量的零点是用真空来定义的。与能量的零点相对，任何其他状态都具有正能量。物质越多，能量就越高。但是，负能量比零能量更低，这表示比真空具有"更少"的物质。这在经典物理学中是不可思议的。但经典物理之后还有量子理论——修正甚至颠覆了很多经典物理的观念。

在量子理论中，真空表示量子场的基态，它与其他状态的区别，不过是量子场能级的"低"与"高"，并不像经典物理学中十分绝对的"有"和"无"。在量子理论中，真空有自己的结构并且是高度动态的。在这样的理论下，负能量至少从概念层面变得可以被接受与理解。

这种负能量物质十分罕见。唯一测得的负能量物质出现在卡西米尔效应中。1948年，卡西米尔将两片金属板放在真空中，金属板破坏了真空的拓扑结构，两片金属板间出现吸引力，两板之间的区域将具有负能量。该效应的起因是量子场的真空涨落。板间出现的真空涨落电磁场，由于金属板的导电性，只能以驻波的形式出现，也就是说，板间的虚光子只能以某些限定的波长出现，而板外的辽阔空间与金属板不存在时一样，真空涨落的模式不受限制，任何波长的虚光子均可存在，这就是使得板外虚光子的密度大于板间虚光子的密度。因此，板间涨落场的能量密度会低于板外的密度，导致两板受到真空涨落场向内的压力，表现为两板间的吸引力。我们通常把真空能量定义为能量零点，两金属板外的真空能量恰为零，而板间的真空能量低于零点，表现为负能量。

航天员和飞船在通过虫洞时会受到巨大的张力作用，这种张力有可能大到把原子撕碎。如果想要通过虫洞，虫洞的半径至少需要大于1 l.y.，而撑开大于1 l.y.的虫洞需要大于银河系发光物质总质量100倍的奇异物质。可见，运用负能量物质撑开虫洞进行星际旅行是十分困难的（图5-15）。

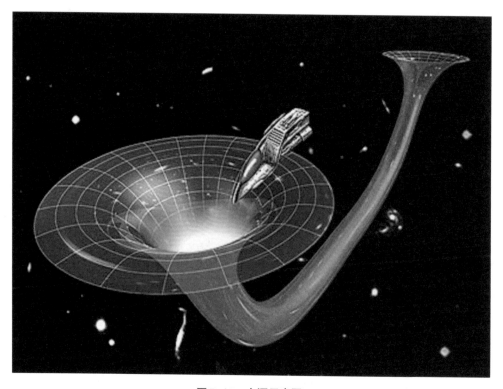

图5-15　虫洞示意图

参考文献

［1］特奇安，比尔森.卡尔·萨根的宇宙：从行星探索到科学教育［M］.周惠民，周玖，译.上海：上海科技教育出版社，2010.

［2］赵峥.爱因斯坦与相对论——写在"广义相对论"创建100周年之际［M］.上海：上海教育出版社，2015.

［3］赵峥.相对论百问（第2版）［M］.北京：北京师范大学出版社，2012.

［4］汪洁.时间的形状——相对论史话［M］.北京：新星出版社，2012.

［5］卢昌海.从奇点到虫洞：广义相对论专题选讲［M］.北京：清华大学出版社，2013.

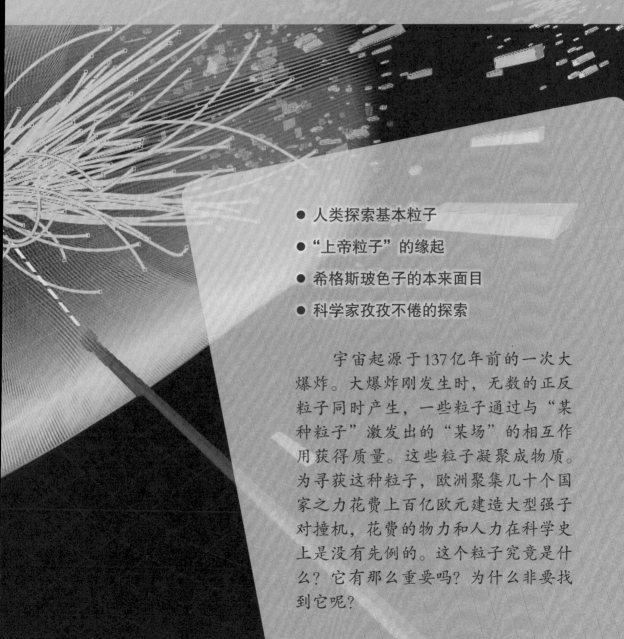

第六章 揭开"上帝粒子"的神秘面纱

——希格斯玻色子

- 人类探索基本粒子
- "上帝粒子"的缘起
- 希格斯玻色子的本来面目
- 科学家孜孜不倦的探索

　　宇宙起源于137亿年前的一次大爆炸。大爆炸刚发生时，无数的正反粒子同时产生，一些粒子通过与"某种粒子"激发出的"某场"的相互作用获得质量。这些粒子凝聚成物质。为寻获这种粒子，欧洲聚集几十个国家之力花费上百亿欧元建造大型强子对撞机，花费的物力和人力在科学史上是没有先例的。这个粒子究竟是什么？它有那么重要吗？为什么非要找到它呢？

人类探索基本粒子

　　我们所知道的一切，包括自己，都是由基本粒子构成的。我们所生活的世界乃至未知的宇宙都是由这些粒子所遵从的物理规律决定的。微观世界的粒子充满了未知，它激发着科学家们上百年的探索，而这样的探索仍在继续……

分子·原子·粒子

　　环顾生活四周，一幢高楼由水泥、钢筋等建筑材料组成；一部手机由电池、晶体管等电子元件组装而成；一杯水是由一滴一滴的水汇聚而成。但是，水泥、钢筋、电池、水这些物质仍然是由更小的东西构成。我们可以谈及分子的领域。世界万物均由分子构成。例如，一杯水可以分割为一滴水，一滴水可以继续分割为水分子，一个水分子由两个氢原子和一个氧原子组成。百余年前，人们已经知道原子是化学元素的最小单位。随着科学的发展，人们对微观世界的研究渐广渐深。"基本粒子"一词应运而生，按其原意是构成世界万物的不能再分割的最小单元。随着认识的不断深化，这种概念也在演化。所以严格地讲，"基本粒子"并非说它永远不能再分割，而只是指到现在还未被进一步分割的物质单元。根据作用力的不同，基本粒子分为强子、轻子和传播子三大类。

粒子初探

　　1897年，汤姆孙（图6-1）在研究阴极射线时发现了电子，这是人类认识的第一个基本粒子。汤姆孙测定阴极射线荷质比比在电解过程中测定的离子荷质比要大数千倍，而且此倍数固定不变。这样的结果在当时是难以被接受和理解的。唯一的自然解释是阴极射线由一种质量比离子轻数千倍带负电的粒子组成。这就是汤姆孙所发现的"电子"。

　　光，人类每天与之接触。生活中的太阳光、灯光给我们带来光明的同时也带来了温暖。但是人类对于光的本性的认识却经历了漫长的岁月。300多年前，牛顿提出了光

图6-1　汤姆孙在实验室

的微粒说——光是由高速运动的微粒组成的。而后，惠更斯提出了光的波动说——光是一种波。这两种学说争论了100多年。随着电子的发现，科学家们注意到，当用紫外线照射金属时，金属表面会飞出一些电子。这就是所谓的光电效应。1905年，爱因斯坦利用普朗克提出的量子概念，得到了光的"新微粒论"，认为光是由微粒即光子组成，它是作为一种粒子，是人类发现的第二个基本粒子。随着科学家认识的不断深入，证实了光具有波粒二象性。

1816年，英国物理学家普劳特（William Prout）就提出所有原子是由氢原子构成的假象。发现原子核后，科学家们认识到原子是由电子和原子核构成。电子是基本粒子，人们不禁产生疑问，原子核也是基本粒子吗？卢瑟福（Ernest Rutherford）用 α 粒子去轰击氮原子使它变成了氧原子核，同时释放出一个氢原子核（图6-2）。可见，氢原子核确实是别的原子核的组成成分，由于这种共性，人们把它称为质子。

图6-2　卢瑟福在实验室工作

卢瑟福曾做过一个假设，他设想原子核内存在一种中性粒子，其质量与质子质量相近，他给这个中性粒子命名为：中子。1932年，查德威克（J. Chadwick）在 α 粒子轰击的实验中证实了中子的存在，验证了卢瑟福的猜想，并推算出了中子的质量。至此，人类已经知道了四种"基本"粒子，即电子、光子、质子、中子。这是人类对微观粒子世界的最"原始"的认识，同时人们认为，这四种粒子是建造物质大厦的基本砖石。从人们对原子的认识历程来看，关于原子模型的建构，大致有下列几个重要阶段（图6-3）。

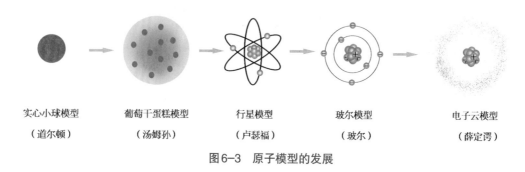

实心小球模型	葡萄干蛋糕模型	行星模型	玻尔模型	电子云模型
（道尔顿）	（汤姆孙）	（卢瑟福）	（玻尔）	（薛定谔）

图6-3　原子模型的发展

走进粒子内部

正当人们沉醉于似乎已经完成了粒子层次基本发现的喜悦中时，20世纪30年代初开始的一系列新粒子的发现为人们展示了粒子世界的丰富物理内容。此时，粒子物理学宣布诞生。正电子、负电子、中微子、π 介子、μ 子……随着粒子领域横向广度的延伸，科学家们也对已发现的粒子进行深度研究，打算走进粒子的内部。而后人们认识到，质子、中子并不是基本粒子，它们还可以继续划分。原子包含原子核与电子，原子核由质子和中子构成，而质子和中子又由更小的夸克构成（图6-4）。在人们目前的认识水平下，没有观察到夸克和胶子的内部结构。因此，目前也将它们归为基本粒子。

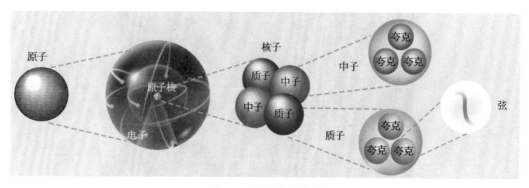

图6-4　微观粒子模型

值得一提的是，在粒子研究发现的历史中，夸克的发现十分有趣。在发现夸克之前，所有的粒子都是具有整数电荷的。1964年，物理学家默里·盖尔曼却发现有三种粒子具有分数电荷，于是，盖尔曼给它们取了一个奇怪的名字"夸克"（Quark）。夸克是什么意思呢？盖尔曼这里借用了詹姆士·乔伊斯写的一首长诗中的一句："向麦克老大三呼夸克。"这里，"夸克"是海鸟的叫声。用海鸟的叫声命名粒子，在科学史上可算是一件有趣的事。通常用u、d和s来分别代表上夸克、下夸克和奇异

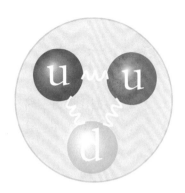

图6-5 质子内部夸克模型

夸克（夸克的总称用q代表），可以算得它们的电荷分别是$\frac{2}{3}e$、$-\frac{1}{3}e$和$-\frac{1}{3}e$。一个质子中有三个夸克，分别是两个上夸克和一个下夸克（图6-5）。

在基本粒子大家庭中，夸克带色荷又带电荷，属于强权阶层，它们之间的色作用是通过胶子传递的，形象地说，就是它像胶水那样把夸克牢牢地胶粘在一起。这种作用很激烈，即强作用。

组成物质世界的基本砖块是两种夸克（u夸克和d夸克）和电子，它们联合组成了原子，原子组成了宇宙尘土，某些不甘寂寞的宇宙尘土巧妙联合形成了生命。虽然组成物质世界只需要这两种夸克和电子，但是后来发现这两种夸克还有堂兄弟，"二门"堂兄弟是c夸克和s夸克，"三门"堂兄弟是t夸克和b夸克；电子也有堂兄弟，分别为μ子和τ子（图6-6）。人们不理解，"上帝"为何创造这些多余的堂兄弟们。其实，这些多余的家庭成员都极不稳定，寿命极短，产生出来后立马就衰变了，而只有"一门"的兄弟们（u夸克、d夸克和电子）幸存下来。

图6-6 组成物质世界的基本粒子大家庭

工具箱

根据作用力不同,基本粒子可分为强子、轻子和传播子。

强子:强子就是所有参与强作用的粒子的总称,它们由夸克组成。已发现的夸克有六种,分别是:上夸克、下夸克、奇异夸克、粲夸克、底夸克和顶夸克。

轻子:轻子就是只参与弱力、电磁力和引力作用。轻子共有六种,包括电子、电子中微子、μ子、μ子中微子、τ子、τ子中微子。

传播子:包括传递强作用的胶子,传递电磁相互作用的光子,传递弱作用的 W^+、W^- 和 Z^0。

2. "上帝粒子"的缘起

早在两千多年前，人类便开始追问，我们所生活的世界是怎样形成的？从神话故事"盘古开天地"到如今被科学家普遍接受的标准模型理论，人类越来越接近这一问题的答案。但人类对这一答案的探索可谓是"步履维艰"，宇宙中有一个无所不在的"幽灵"，曾经阻止我们认识物质。这个看不见"幽灵"叫"希格斯场"，而"希格斯场"正是通过一种粒子来施展它的"超级魔力"。这种粒子的名字就叫"希格斯玻色子"（Higgs boson），又名"上帝粒子"（God particle）。

物质的量

质量是什么？质量是怎样起源的？这是一个基本而又古老的问题。关于质量概念的科学定义可以追溯到英国哲学家弗朗西斯·培根（Francis Bacon，1561—1626）（图6-7），他把质量定义为物体所含物质的多少。如果从物体所含物质多少的角度来说，我们可以认为，这样的界定在古代的认识里是广泛存在的概念。因为只要有基本的组成成分，物体就肯定是有量的，即有多少基本组成成分。就"基本组成成分"而言，不同的科学家又有不同的思想。古代主要有这三种思想：首先，物体由物质（质料）加形式组成，并且在某种意义上也是

图6-7　弗朗西斯·培根

认同物体含有元素的多少就是物质的量。其次，从载体加理型的理论来说，理型是理想的几何结构，当一个几何图形印在无形无状的载体上时，就产生了个别事物，这包含着一个哲学思想，而这个载体其实和质料在本质上是相似的，载体的数量就是物质的量。最后，从原子角度分析认为，事物都是由一个个的原子组成的，这样就意味着，物质的量就是原子的多少。实际上"质料""载体"和"原子"这三个概念从某种意义上说都是一致的。这是古代哲人们对事物的最基本组成成分的设想。

惯性质量与引力质量

图6-8　艾萨克·牛顿

牛顿（图6-8）在《自然哲学的数学原理》一书中首次引入了惯性质量的概念，定义为物体惯性大小的量度。实验表明，以同样大小的力作用到不同的物体上时，一般说来，它们获得的加速度是不同的。这也表明，在外力的作用下，物体获得的加速度不仅与力有关，而且与物体本身的某种特性有关。这个特性就是惯性。牛顿第二定律表明，$F=ma$，变换为$m = \dfrac{F}{a}$，即可通过对不同物体施以同样的力F，从它们获得加速度a的大小来测定质量大小。这种确定物体质量的方法就是根据惯性大小来量度的，故所测质量称为"惯性质量"。质量的另一重要属性是量度物体引力作用的大小。牛顿万有引力定律揭示，任何两个物体之间都有引力作用，其方向沿两物体（质点）连线，大小与两物体质量m_1和m_2的乘积成正比，与两者距离r的平方成反比，即$F = G\dfrac{m_1 m_2}{r^2}$，质量$m_1$和$m_2$是引力之源，反映引力作用的大小。根据牛顿的万有引力定律，凡是有质量的物体都能够在空间激发引力场，同时也能够在引力场中受到引力的作用。因此，只要通过实验测得物体在一个确定引力场中受到的引力大小，就可以计算出物体的质量，这种方法得出的质量叫作"引力质量"。

质量与能量

在牛顿力学中不存在零质量的粒子，因为零质量在经典意义上意味着"物质的量"为零，即什么也没有。1905年，爱因斯坦（图6-9）构建的狭义相对论是又一个划时代的杰作，它预言了以光速传播的粒子均有等于零的静止质量，并揭示了质量与能量的本质联系。物体静止时仍然具有能量，能量是它的总内能，包括分子运动的动能、分子间相互作用的势能、使原子与原子结合在一起的化学能、原子内使原子核和电子结合在一起的电磁能，以及原子核内质子、中子的结合能……这指出，静止粒子内部仍然存在着运动。一定质量的粒子具有一定的内部运动能量，反过来，带有一定内部运动能量的粒子就表现出有一定的惯性质量。在基本粒子转化过程中，有可能把粒子内部蕴藏着的全部静止能量释放出来，变为可以利用的动能。例如，当 π 介子衰变为两个光子时，由于光子的静止质量为零而没有静止能量，所以，π 介子内部蕴藏着的是全部静止的能量。在经典力学中，质量和能量是相互独立的，但是在相对论中，能量和质量只不过是物体力学性质的两个方面。这样，原来在经典力学中彼此独立的质量守恒和能量守恒定律结合起来，成了统一的"质能守恒定律"，它充分体现了物质和运动的统一性。由爱因斯坦的方程式所提出

图6-9 阿尔伯特·爱因斯坦

的质能方程：$E=mc^2$（图6-10），$m = \dfrac{E}{c^2}$。后者可以作为对粒子等效质量（称动质量）的定义；很显然，$m = \dfrac{E}{c^2}$ 与粒子的运动速度有关。爱因斯坦指出："如果有一物体以辐射形式放出能量 ΔE，那么它的质量就要减少 $\dfrac{\Delta E}{c^2}$。至于物体所失去的能量是否恰好变成辐射能，在这里显然是无关紧要的，于是我们被引到了这样一个更加普遍的结论上来。物体的质量是它所含能量的量度。"他还指出："物体系的惯性质量和能量以同一种东西的姿态出现……我们无论如何也不可能明确地区分体系的'真实'质量和'表现'质量。把任何惯性质量理解为能量的一种储藏，看来要自然得多。"换言之，应该用粒子包含的能量来刻画"物质的量"。静止质量为零的粒子（如光子）永远以光速运动，因此具有非零的能量，从而包含非零的"物质的量"：$m = \dfrac{E}{c^2}$。

图6-10 德国柏林4 m高的艺术作品

为什么自然界中有些粒子（如光子）的静止质量恰好严格为零？而另一些粒子（如电子）却具有非零静止质量？这些非零静止质量是如何起源的？这是牛顿力学与爱因斯坦相对论均无法回答的跨世纪难题！

希格斯玻色子

1964年，英国物理学家彼得·希格斯发表了一篇学术理论文章，提出一种粒子场的存在，预言一种能吸引其他粒子进而产生质量的玻色子的存在。这个说法起初遭到大部分物理学家的摒弃。希格斯所运用的是量子场论这一在别人看来早已过时而被抛弃了的学说。有些重量级权威坚称他们能证明希格斯的谬误。尽管如此，希格斯坚持认为这种玻色子是物质的质量之源，是电子和夸克等形成质量的基础，其他粒子在这种粒子形成的场中游弋并产生惯性，进而形成质量，构筑成大千世界。因为这是希格斯提出的，因此取名"希格斯玻色子"。由于它难以寻觅又极为重要，1988年诺贝尔物理学奖获得者莱德曼为希格斯玻色子取名为"上帝粒子"。这种粒子是物理学家们从理论上假定存在的一种基本粒子，它并不存在于原子内部，而是以独立形式存在。希格斯粒子是一种不带电的自旋为零（自旋意味着方向性，自旋为零意味着没有任何方向性）的玻色子，它通过自相互作用而获得质量，被认为是物质的质量之源。

基本粒子大家庭中的希格斯玻色子最与众不同，它扮演"天子"（上帝粒子）的角色，想要质量的粒子必须到它这儿来"乞讨"。它愿意给谁质量就给谁，愿意给多少就给多少，传递强相互作用的胶子因不受希格斯粒子的喜欢而没有得到质量，传递电磁作用的光子因过分显耀自己的速度也没有讨得质量，胶子和光子想要传递信息给希格斯粒子（也就是发生作用或耦合）就必须通过别的成员进行传递。另外，各粒子得到的质量也是严重的分配不均。例如，t夸克的质量是b夸克质量的几十倍。为什么各粒子得到的质量不相近，会有如此大的悬殊，这至今不被人们所理解。

趣闻插播

　　"上帝粒子"背后的低调老人：希格斯在得知以自己的名字命名这个粒子后感叹道："我是最早将大家的注意力引向相关粒子的第一人，但这类理论中蕴涵的其他一切精髓不属于我或我一个人。我反对'上帝粒子'之类的标签，虽然我本人是一名无神论者，却担心这个称呼会伤害笃信宗教者的感情。"

希格斯场

　　希格斯玻色子是由希格斯场激发而产生的。那么什么是希格斯场呢？通俗地讲，大量的希格斯玻色子会凝结成为一种类似蜜糖的物质，弥漫在宏观的世界里，这种物质称为"希格斯场"。这种场无色无味，人类的感官无法察觉它，但它构成了所有基本粒子的存在环境。它每时每刻都和物质内部的基本粒子发生作用，当其他粒子在其中穿行时，就像苍蝇被蜜糖黏住一样，会感受到蜜糖的"阻力"，减慢苍蝇的飞行速度，同样的，无数的希格斯玻色子减慢了其他粒子飞行速度并使它们获得质量（图6-11）。理论物理学家用对称性自发破缺解释弱相互作用和电磁相互作用的分离，其中最重要的机理是希格斯机理。希格斯场将会由原来具有对称性的场破缺为没有对称性的场。破缺使得传递弱相互作用的粒子和费米子获得质量。宇宙空间中的各处都充满了希格斯场。

图6-11　希格斯粒子作用于其他粒子

科学家画廊

图6-12　希格斯

　　彼得·希格斯（Peter Higgs，1929—　）英国物理学家，1954年在伦敦国王学院获分子物理学博士学位，曾执教于伦敦大学学院和爱丁堡大学，2004年因在质量生成方面的开拓性工作而同罗伯特·布罗特、弗朗索瓦·恩格勒一起被授予沃尔夫奖。希格斯常被描绘成一个隐居遁世的天才。

希格斯玻色子的本来面目

科学发展的历史一再证明，人类认识的每一次飞跃总是导致一种新领域的建立，这种新领域可以将原来认为十分不同的领域连接起来，从而概括出更多的东西。例如，牛顿力学的建立统一了地上的运动规律及天体的运动规律；爱因斯坦的相对论统一了空间与时间的概念。经过这样的统一理论的建立，人们意识到，物质世界的一切物理规律归根到底是受到4种不同的基本作用力。这为希格斯粒子的探索奠定了必需的理论基础。

标准模型

表6-1　4种基本作用的强度比较

作用名称	相对强度比较
强作用	1
电磁作用	10^{-2}
弱作用	10^{-5}
引　力	10^{-39}

自然界中物体之间的相互作用力可以分为4种，即引力、电磁力、强相互作用力和弱相互作用力。所有参与相互作用的物质粒子是自旋为1/2的费米子（如夸克、中微子、轻子）；传递这三种力的粒子是自旋为1的规范玻色子（如光子、弱中间玻色子、胶子）。牛顿的经典力学、爱因斯坦的相对论解决了重力问题之后，理论物理学家开始尝试建立统一的模型，解释通过后3种力相互作用的所有粒子。于是建立了标准模型来描述强、弱、电三种基本作用力：构成世界的基本物质粒子共有18种夸克、6种轻子和12种规范玻色子（传递相互作用的规范粒子），再加上每一种物质粒子所对应的反粒子（规范玻色子包括光子、3种弱相互作用粒子和8种胶子，它们本身就是自己的反粒子），共包含了至少61种基本粒子。希格斯玻色子是标准模型中最后一种被发现的基本粒子，也就是第62种粒子。该粒子的存在可以对其他基本粒子为何会有质量做出说明。标准模型理论认为，物质不可能再分割为比这些基本粒子更小的单元。这是一套关于基本粒子的通用规律，它统一解释了人类目前观测到的绝大部分与基本粒子的相关现象。如：太阳为什么会发光发热，核电站为什么能发电。基本粒子这个大家族还是相当庞大的，但它们的背后却隐藏着一个令人费解的难题：所有这些物质粒子都有一个属性——质量，这是一种

抗拒被移来移去的属性。不同的物质粒子的质量各不相同,这些质量来自何方?

对称性自发破缺

解开弱规范玻色子和所有费米子质量起源的关键线索来自对称性自发破缺的重要概念。在生活中,对称美无处不在(图6-13),当然,对称性也贯穿于物理学之中。物理学中的对称性分为两种:时空对称性和内部对称性。时空对称性是物理规律在时空平移和洛伦兹转动下是不变的,例如,物理规律不会随地点和时间的不同而不同,也不会在空间的转动下而发生改变;内部对称性是指它们存在于量子世界,也就是描述微观世界的物理规律对某些不同的粒子是一样的。简单地说,就是当一种粒子变为另一种粒子时,物理规律不变。

图6-13 雪花的完美对称

那什么是对称性自发破缺呢?物理体系从高温到低温的过程中,或者从高能级到基态的过程中,从一个对称的体系变得不对称的过程,称为对称性自发破缺。用一个通俗的比喻:墨西哥帽对称的卷边围绕着对称的圆顶,在圆顶的顶端有一个珠子,此时墨西哥帽具有完美

图6-14 墨西哥帽

的旋转对称性,但并不稳定(图6-14)。当珠子下落到一个更为稳定(低能量)的位置——帽子边缘的某个地方时,对称性就被破坏了。这一过程中,对称性从有到无,自发地消失,因此叫做对称性自发破缺。

再看一例。磁体具有磁性,是因为在低温下它的原子磁场是有序排列的。因此,磁体具有特定的方向性,即南北极。早在1930年代,朗道(Lev Davidovich Landau)就发现铁磁体的相变与对称性自发破缺有关,描述其内部磁场的运动方程具有空间转动不变性,当在居里温度(铁的居里温度是770℃)以上时,铁磁体内部原子的磁场自旋杂乱无章,具有空间转动不变性。但在居里温度以下时,铁磁体内部原子的磁场自旋集体指向某一方向,空间转动不变性丧失(图6-15)。

由于对称性的自发破缺,希格斯粒子留下来而成为真正的有质量的物理粒子。从希格斯场中得到的质量实际上是静止的质量。在神秘的希格斯理论中,所有静止的质量都是由希格斯场作用产生的。不同的粒子从希格斯场中吸收的质量不同。理论物理学家们称,标准模型中粒子的质量是表征粒子与希格斯场结合强弱程度的一个度量。

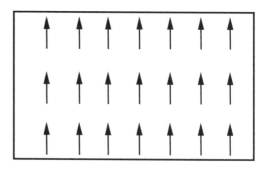

图6-15　铁磁体内部原子的磁自旋在居里温度以上（左）和在居里温度以下（右）的表现

希格斯场产生的凝聚力遍布整个宇宙真空。在真空中传播的粒子，如弱规范玻色子、夸克和轻子。只要与希格斯场发生耦合，就不得不因"粘滞"效应速度变慢并获得非零质量。

科学家画廊

弗朗索瓦·恩格勒（François Englert，1932—　　）
比利时理论物理学家，1959年获得博士学位。1960年，他任康奈尔大学助理教授，结识了罗伯特·布鲁特并与其成为好朋友和密切的工作伙伴。1964年，恩格勒与布鲁特首次提出粒子如何得到质量的理论。

图6-16　恩格勒

4 科学家孜孜不倦的探索

希格斯粒子对于理解物质世界的基本组成极其重要，但我们身边早就没了希格斯粒子的踪影，希格斯粒子只是在宇宙创生之初的瞬间产生，所以它在完成使命——破缺电弱对称、给其他粒子赋予质量之后立即就涅槃了。为了解开质量来源之谜，人类不惜人力和财力对它进行举步维艰的探索。

建造加速器

为寻找希格斯玻色子，欧洲聚几十个国家之力，花费上百亿欧元建造大型强子对撞机（图6-17），用高能粒子互相轰击来产生希格斯粒子。把质子加速到接近光速来对撞，模拟宇宙大爆炸的那一瞬间。但每亿万次的对撞，才有可能产生一个希格斯粒子，并且该粒子转瞬即逝，10^{-9} s后就会衰变成其他粒子，实验探测非常艰难。欧洲核子研究中心于1991年开始设计兴建的欧洲大型强子对撞机位于法国和瑞士边境地区地下100 m深、约27 km长的环形隧道中，它凭借能使单束粒子流能量达到7×10^{12} eV而成为世界上能级最高的对撞机。

100 m

对冲的两条粒子流

图6-17 大型强子对撞机

实验观测

1995年，在寻找希格斯玻色子的实验路途中，欧洲核子研究中心在美国芝加哥的竞争对手费米实验室，用"万亿伏特粒子加速器"，将带电粒子加速到大约176 GeV，发现了顶夸克。自此，夸克家族六成员中的最后一名被观测到。欧洲大型强子对撞机是目前世界上最强的粒子加速器之一，在寻找希格斯玻色子的研究中，它创造了1 800万个夸克事件。

2000年，位于瑞士的欧洲核子研究中心的工作人员通过世界上最大的正负电子对撞机（LEP）攫取了115 GeV的希格斯粒子，但是他们当时的统计数据不足以做出任何确定的推论。2001年的最终分析排除了质量在115 GeV以下的希格斯粒子。

2004年，在大型正负电子对撞机关闭和大型强子对撞机开启之间的这段时间内，芝加哥费米实验室是最有可能找到希格斯粒子的地方，他们获得了高于117 GeV的希格斯粒子的实验数据，最高上限为251 GeV。

2008年8月，欧洲核子研究中心开始运行新的大型强子对撞机。科学家分别以两个独立的实验寻找希格斯玻色子，这两个实验分别称为Atlas和CMS。这一年，约1亿人观看了质子束首次绕大型强子对撞机旋转的情景，其中一些人产生了一种没有根据的恐惧，害怕它有可能造成一个毁灭世界的黑洞。由于煤气泄漏事件导致加速器关闭，欧洲核子研究中心寻找希格斯粒子的努力暂时停止直到次年。如图6-18所示是欧洲核子研究中心大型强子对撞机的ATLAS探测器获得的模拟粒子路径图。希格斯玻色子是

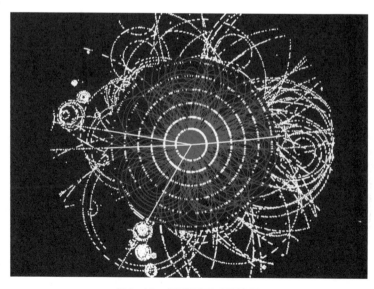

图6-18　模拟质子对撞路径

当两个质子以14 TeV的极高能级相撞时产生的，此后它会迅速衰变为4个μ子，这是一种不会被探测装置吸收的大质量电子。在这一图像中，μ子的运行路径用黄色线标示。

2011年12月13日，欧洲核子研究中心的科学家表示，他们发现了希格斯玻色子存在的迹象。2012年7月4日，他们又宣布发现了一个新粒子，与希格斯玻色子特征有吻合之处，99.999 94%的可能确信发现希格斯玻色子。2013年3月14日，欧洲核子研究中心发布新闻稿表示，先前探测到的新粒子是希格斯玻色子。比利时理论物理学家弗朗索瓦·恩格勒和英国理论物理学家彼得·希格斯因希格斯玻色子的理论预言获诺贝尔物理学奖。

趣闻插播

"上帝粒子"的发现，霍金"输掉"100美元。霍金曾风趣地说"我曾经和美国密歇根大学的凯恩教授打赌，认为希格斯玻色子不会被找到，看来我刚刚输掉了100美元"。面对粒子的现身，像霍金这样有气量的科学家也不无溢美之词："这是一个重要的发现，应该能带给彼得·希格斯一个诺贝尔奖。"

2013年希格斯因此荣获诺贝尔物理学奖，同获此奖的还有一位比利时理论物理学家弗朗索瓦·恩格勒。

小粒子大宇宙

300多年前，牛顿发现了万有引力定律。倘若没有这个定律，人类不可能进入神秘的太空。100多年前，英国物理学家汤姆孙刚刚发现电子的时候，他也难以回答其现实意义。今天，面对随处可见的电子设备，已没有人怀疑当年电子"露头"的意义。

希格斯玻色子的发现可能是粒子物理学领域过去30～40年中最大的发现之一，是人类理解自然和宇宙的"里程碑"。宇宙中的基本粒子是构成一切物质实体的基本成分，其中质子、中子和电子构成一切稳定的物质，质子、中子、原子核构成原子，都是有质量的。如果没有希格斯粒子，这些粒子就会是无质量的，就像光子一样。粒子物理学的标准模型暗示存在着一个充满所有空间的"希格斯场"，这个"希格斯场"与各种粒子相互作用，其活动有强有弱，互动强烈的粒子，在运动中会遇到更多的阻力，显得更重。有些粒子,如光子,与"希格斯场"完全不产生互动,因此光子总是保持无质量的状态。

寻找到希格斯粒子尽管是关键一步,但它仅仅只是个开始。它的发现不仅完善了标准模型,在此基础上还揭示出其他现象,也许可以阐明引力为什么会比自然界的其他作用力弱许多,并揭开充斥在宇宙中的暗物质(图6-19)的神秘本质。希格斯玻色子本身的质量是一个非常关键的参数,目前的测量值显示,希格斯玻色子的质量约为质子的126倍,这一质量值几乎已经处在了一个临界点上,这或许意味着我们所生活于其中的这个宇宙本身存在着内在的不稳定性,在数十亿年之后这一切都将归于瓦解。所有这一切,都将对人类探索宇宙起源及未来,提供新的契机。

对比浩瀚的宇宙,也许我们很渺小,但是探索的历程以及这一历程中的新发现,正是我们人类生存的意义所在。

图6-19 暗物质的电脑模拟图

工具箱

希格斯机理:希格斯机理(Higgs mechanism)是英国物理学家彼得·希格斯和其他理论物理学家同时发现的一种物理机理。它是一种生成质量的机制,能够使基本粒子获得质量。

暗物质:暗物质(dark matter)是一种因存在现有理论无法解释的现象而假想出的物质,比电子和光子还要小,不带电荷,不与电子发生干扰,能够穿越电磁波和引力场,是宇宙的重要组成部分。暗物质无法直接观测得到,存在的最早证据来源于对矮椭球星系旋转速度的观测。

参考文献

［1］杨绍兰，夏艳．"上帝粒子"背后低调的老人——希格斯［J］．中学物理教学参考，2014（3）：41-43.

［2］云凡．"上帝粒子"的美，不只有上帝看得到［J］．百科知识，2013（22）：6-8.

［3］何红建，邝宇平．探索上帝粒子与质量起源［J］．物理，2014（1）：12-24.

［4］赵煦．论标准模型理论的经验新奇性——以希格斯玻色子的发现为例［J］．东北师大学报（哲学社会科学版），2016（4）：140-145.

［5］陆埈，罗辽复．物质探微：从电子到夸克［M］．北京：科学出版社，2005.

［6］韦尔特曼．神奇的粒子世界［M］．北京：科学出版社，2012.

第七章　让人纠结，是波还是粒子？

- 关于光是波或粒子的纠结
- 实物也有波或粒子的纠结

　　无论是从经验还是从已经学过的科学知识来看，波和粒子这两个概念永远无法同时使用，更不能用这两个概念去描写同一现象，因为这在逻辑上不可能。那么，本章我们就来看看波与粒子的纠结。

1. 关于光是波或粒子的纠结

正是由于光的存在，人类才能一睁眼就看到世界。人类对光有着天然的趋向，即使在没有阳光的黑夜，人们也用自己的智慧创造各种光源，赋予黑夜新的光明。如此与人类生活息息相关的光，它的本性到底是什么呢？其实在很久以前，人们就对光进行了各种研究，早在公元前4世纪，古希腊哲学家就开始思考这一问题了。

光的本性之争

亚里士多德认为，"光是气元的扰动"，而德谟克利特提出了"微粒说"，这正是后来有关"波动说"和"粒子说"的最早雏形。

笛卡儿在1637年对光的本性提出了两种假说。一种假说认为，光是类似于微粒的一种物质；另一种假说认为光是一种压力，这种压力以"以太"为媒介。笛卡儿的两种假说为17世纪的"光是微粒"和"光是波"的争论埋下了伏笔。

随后到了17世纪，惠更斯（C. Huygens，1629—1695）（图7-1）提出了光的"波动说"。而同一时期，牛顿支持"粒子说"。

1672年，牛顿向皇家学会递交了一篇论文，名为《关于光和颜色的理论》，里面谈到光的色散实验，他从这个实验得出结论：白光能分解成不同颜色的色光。同时牛顿也表述了自己对光的物质性的认识，他认为，光线可能是球形的物体，遵守运动定律。1678年，惠更斯在法国科学院的一次演讲中反对牛顿的微粒说。他认为，光波的另外一个性质，也是最不可思议的性质是来自不同方向的光波，能够毫无阻碍地穿行并产生作用。惠更斯在1690年提出光的波动说，以少数几个基本假设为基础，成功解释了当时已知的大多数光学现象，建立了惠更斯原理。由于惠更斯原理只是对光现象的一个近似认识，还存在一些缺陷，这使得惠更斯的波动说在与牛顿微粒说的竞争中陷于劣势。

图7-1　惠更斯

趣闻插播

　　牛顿是微粒说的代表，但是由于和胡克、惠更斯等人的争论，使他在光的本性问题上经历了曲折的变化。当时一些著名的科学家对牛顿的光的颜色理论持怀疑或否定态度。胡克对牛顿的这种看法提出尖锐的批评。惠更斯对这个发现的评价也不好。牛顿对胡克的批评做了答复，谈到他确实主张"光的粒子性"，但他并不绝对确信它是一个"基本假设"。在这个答复中，牛顿表现出把微粒说和波动说结合起来解释光的倾向。为了避免和胡克再发生争执，牛顿在战术上进行了巧妙的安排。有人认为牛顿从论战中退缩了，直至他的最执拗的对手胡克在1703年去世，牛顿才于次年出版了他的《光学》。

　　不过，公正地说，牛顿（图7-2）并不是微粒说的毫无保留的坚持者和波动说的偏执的反对者。

图7-2　牛顿

　　牛顿在当时其他人的反对下，也在不自觉地改变自己的看法，牛顿说："在我关于光的粒子结构理论中，我做出的结论是正确的，但是，我做这结论并没有绝对肯定。只能用一句话来表示：'可能。'"他又说："以太的振动在任何理论中都是有益和必要的。"可见，牛顿先是相信波动说，后又提出微粒说，最后又尝试将两者进行某种统一。在关于光的本性的两种可能的观念中，一定要说牛顿只相信其中一种，是不符合事实的。其实是牛顿的追随者把粒子说绝对化了。这正如罗森菲尔德指出的："创造者思想中所有意味深长的犹豫都来自他对课题困难的深刻洞察，而这些犹豫却被很不敏锐的后来者调和了。"

　　由于牛顿无与伦比的学术地位，他的粒子理论在一个多世纪内无人敢于挑战，而惠更斯的理论则渐渐为人淡忘。直到19世纪初衍射现象被发现，光的波动理论才重新得到承认，而光的波动性与粒子性的争论从未平息。

 工具箱

　　　　惠更斯原理：球形波面上的每一点（面源）都是一个次级球面波的子波源，子波的波速与频率等于初级波的波速和频率，此后每一时刻的子波波面的包络就是该时刻总的波动的波面。其核心思想是：介质中任一处的波动状态是由各处的波动决定的。

　　　　以太：曾被认为是物质世界诞生之初产生的第一种最基本元素，形态为暗红色空间意识流体，作为空间供物体占用，物质界内一切元素以及物质都由以太构成。

光的波动性

　　从19世纪初开始，托马斯·杨、菲涅尔、马吕斯（Etienne Louis Malus，1775—1812）等分别观察到了光的干涉、衍射和偏振现象，这再次强化了光的波动说。之后麦克斯韦和赫兹（Heinrich Rudolf Hertz，1857—1894）先后从理论和实验上确认了光的电磁波本质，光的波动理论又重新登上了历史的舞台。正如爱因斯坦所指出的，光的波动说的成功，在牛顿物理学中打开了第一道缺口，而开始这场革命的第一人，就是托马斯·杨。

　　他让光透过极窄的缝隙，结果在光屏上并不是看到缝隙的清晰景象，而是看到了一条条光带。这些光带是由光的绕角衍射引起的。这是粒子说所不能解释的。托马斯·杨还有一个更加有力的根据，他通过声学研究，对"拍"这一现象产生了兴趣。所谓"拍"，就是不同音调的两个声音合在一起时，使声音时强时弱的效果。这一点

科学家画廊

图7-3　托马斯·杨

　　托马斯·杨（Thomas Young，1773—1829） 英国物理学家兼医生，他的兴趣广泛，除了光学研究以外，对能量的形式也感兴趣。他于1807年首先赋予"能"这个词以现代意义，还在促进理解液体表面张力方面作出了贡献，对弹性物质的本质也有所揭示。此外，托马斯·杨还为《大英百科全书》撰写了许多文章。他还研究了古埃及人的楔形文字这个难题，并首先在解释这种文字上做出了一些成就。

用声波叠加很容易解释。那么，两种光波相叠加，会不会产生像声波叠加那样的暗区呢？如果光是粒子，就不会；如果光是波，就会产生明区和暗区。托马斯·杨让光束通过两个狭缝（双狭缝实验），透过的光便散开重叠。重叠区并不是一个简单的强光区，而是形成一种亮暗交错的条形图案，与声学中的拍完全相似。这个现象称为光的干涉（图7-4）。

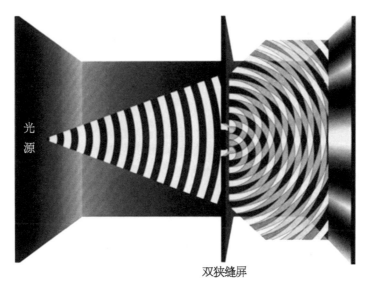

图7-4　光的干涉

但是托马斯·杨的工作最初在英国遭到了很大的敌视。丁铎尔说："这个天才的人被压制了，被他的同胞的评头论足的才智埋没了整整20年。""他首先要感谢著名的法国人菲涅耳和阿拉果，感谢他们恢复了他的权利。"阿拉果受命报告菲涅耳的第一篇论文，他不仅研究了这个问题，还让菲涅尔注意到了托马斯·杨的研究。菲涅耳是在不了解托马斯·杨的研究成果的情况下独立地研究了光的衍射。

菲涅耳在1814年开始研究光学，他首先着眼于光的波动说的基础性理论研究和实验。1815年10月，菲涅耳向巴黎科学院提交了关于光的衍射的第一篇研究论文，后又发表在《化学物理年鉴》杂志上。他引进了光的干涉的概念，对惠更斯原理进行了补充和完善。他认为："波阵面前的一点的振动是波阵面上面元发出子波在该点的叠加。"在这个假定下，能够解释衍射的全过程，给惠更斯原理以明确的物理意义。阿拉果赞赏了这篇论文并大力宣传，但是未得到当时大多数物理学家的认可。

科学家画廊

图7-5　菲涅耳

菲涅耳（Augustin Jean Fresnel，1788—1827）法国土木工程师，物理学家，波动光学的奠基人之一。菲涅耳1788年5月10日出生于布罗利耶，1806年毕业于巴黎工艺学院，1809年又毕业于巴黎桥梁与公路学校。他1823年当选为法国科学院院士，1825年被选为英国皇家学会会员。菲涅耳由于在物理光学研究中的重大成就，被誉为"物理光学的缔造者"。

由于对光在物体附近发生的弯曲现象没有很好的理论去说明，而这种运动情况又是关于衍射问题的关键所在，在拉普拉斯和毕奥（J.B. Biot，1774—1862）等人的提议下，1818年法国巴黎科学院举行了规模较大的科学竞赛，题目是：① 利用精确的实验确定光学衍射效应；② 根据实验，用数学归纳法求出光线通过物体附近的运动状况。他们企图通过竞赛使光的微粒说达到完善的程度。然而，出乎意料，初出茅庐的菲涅耳向科学院提交了一份用光的波动理论来解释光通过障碍物时发生的衍射现象的报告。菲涅耳的衍射理论取得了重大的成功。

科学竞赛的评委中有毕奥、拉普拉斯、泊松（S.D. Poisson，1781—1840）、盖·吕萨克（Gay Lussac，1778—1850）、阿拉果等人，其中前三位是牛顿的微粒说的支持者，所以菲涅耳的理论未能得到评委们的一致赞同，而且受到质疑。数学家泊松提出一个连菲涅耳本人事先都未能想到的问题：按菲涅耳衍射理论，应当在圆盘后的阴影中心出现一个亮斑。泊松以为这是一个荒谬离奇的结论，他宣称，他的这一质疑就能驳倒菲涅耳光的波动理论。这是对光波动说的严峻考验。为此，菲涅耳的朋友阿拉果当天晚上进行实验，发现在同心圆环的衍射花样中心确实出现了一个明亮的亮斑！这样，评委们不得不叹服菲涅耳的才能。在评审中拉普拉斯和泊松也都投了赞成票，菲涅耳的论文获第一名，荣称"桂冠论文"。这个亮斑则戏剧性地被后人称为"泊松亮斑"。

既然如此，为什么又要重新谈论"光的粒子性"呢？不断发现和认识新现象，进而理解事物的本性，这是一切科学发展的必由之路。

光的粒子性

1887年，德国物理学家赫兹在研究电磁波实验中偶然发现，接收电路的间隙如果受到光照，就更容易产生电火花。这是最早发现的光电效应，也是赫兹细致观察的意外收获。这一现象引起了许多物理学家的关注，经过一系列的研究（图7-6），证实

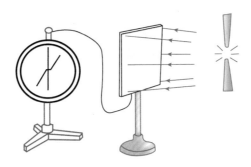

图7-6 光电效应实验装置示意图

了这个现象：光照射金属表面能使金属中的电子从表面逸出，这个现象称为光电效应（photoelectric effect），逸出的电子称为光电子（photoelectron）。

光电效应与经典物理学存在矛盾，根据经典物理学，光强越大，饱和电流应该越大，光电子的初动能也越大。但实验上光电子的初动能仅与频率有关而与光强无关。只要频率高于某个频率，即使光强很弱也有光电流；频率低于该频率时，无论光强再大也没有光电流。而经典认为有无光电效应不应与频率有关。如果光很弱，按照经典电磁理论估计，电子需要几分钟到十几分钟才能获得逸出表面所需的能量，这与实验结论矛盾。

 工具箱

光电效应的特点：

（1）对于给定的金属材料做成的表面光洁的电极，存在一个确定的截止频率ν_0，它与金属材料的性质有关。若照射光频率<ν_0，则不论光的强度多大，都不会有光电子逸出。

（2）光电子的最大动能与入射光的频率有关，而与入射光强度无关。光电流的强度，即单位时间从金属电极单位面积上逸出的电子的数目与照射光强度成正比。

（3）当光的频率≥ν_0时，不论光多微弱，只要有光照射，立即都有光电子发出，具有瞬时性。

爱因斯坦提出光量子（light quantum），试图解决这个矛盾：光的能量是量子的，光的量子称为光子，频率为ν的光的能量子为$h\nu$，h为普朗克常量。按照爱因斯坦的理论，在光电效应中，金属中的电子吸收一个光子获得的能量是$h\nu$，这些能量的一部分用来克服金属的逸出功W_0，剩下的表现为逸出后电子的初动能E_k，即：

$$E_k = h\nu - W_0$$

此式称为爱因斯坦光电效应方程（Einstein photoelectric equation）。

爱因斯坦方程表明：

（1）光电子的最大初动能与入射光频率有关，而与光的强弱无关。只有 $h\nu > W_0$ 时，才有光电子逸出，$\nu_c = \dfrac{W_0}{h}$ 叫作光电效应的截止频率。

（2）电子一次性吸收光子的全部能量，不需要积累能量的时间，光电流自然几乎是瞬时产生的。

（3）对于频率相同的光，光较强时，包含的光子数目较多，照射金属时产生的光电子较多因而饱和电流较大。

爱因斯坦的方程可以很好地解释出现的矛盾，但它的正确性还需要有实验现象的支持——康普顿效应（Compton effect）。光在介质中与物质微粒相互作用，因而传播方向发生改变，这种现象叫作光的散射。1918—1922 年，美国物理学家康普顿在研究石墨对 X 射线的散射时，发现在散射的 X 射线中，除了与入射波长 λ_0 相同的成分外，还有波长大于 λ_0 的成分，这个现象称为康普顿效应。之后他的学生测试了多种物质对 X 射线的散射，证实了康普顿效应的普遍性。按照经典物理学的理论，由于光是电磁振动的传播，入射光引起物质内部带电微粒的受迫振动，振动着的带电微粒从入射光吸收能量，并向四周辐射，这就是散射光。散射光的频率应等于带电粒子受迫振动的频率，也就是入射光的频率，因而散射光的波长与入射光的波长应该相同，波长不应该发生改变。

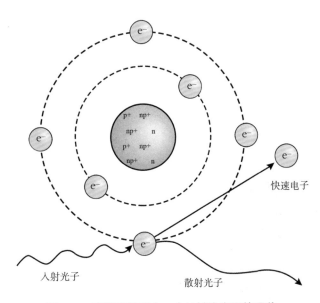

图 7-7　康普顿效应中一个 X 射线光子的吸收

但是如果把 X 射线被电子散射的过程看成是光子与电子的碰撞过程，则该效应容易得到理解：在康普顿效应中，当入射的光子与电子碰撞时，要把一部分动量转移给电子，因而光子动量变小。从 $p = \dfrac{h}{\lambda}$ 看，动量变小意味着波长变大，因此有些光子散射后波长变大。从动量守恒定律和能量守恒定律出发对康普顿效应做定量分析，其结论与实验事实符合得很好。

康普顿效应强有力地支持了光量子概念，证实了普朗克-爱因斯坦（Plank-Einstein）关系的正确性，证实了在微观的单个碰撞事件中，动量及能量守恒定律仍然是成立的。

科学家画廊

图7-8　康普顿

康普顿（Arthur Holly Compton，1892—1962）
美国著名的物理学家，"康普顿效应"的发现者，1927年度诺贝尔物理学奖获得者。他的主要著作有：《X射线和电子》和《X射线的理论和实验》。1930—1940年这10年中，康普顿致力于宇宙线的研究。1919—1920年间，康普顿去英国在卡文迪许实验室工作，他进行了 γ 射线的散射实验，发现用经典理论无法解释实验结果，回国后用单色X射线和布喇格晶体光谱仪作实验，发现了康普顿效应。康普顿曾任美国物理学会主席、美国科学工作者协会主席、美国科学发展协会主席。

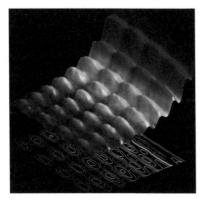

图7-9　首幅光的波粒二象性照片

光在传播时显示出波动性，在转移能量时显示出粒子性。光既能显示出波的特性，又能显示出粒子的特性，但是在任何一个特定的实例中，要么显示出波动性，要么显示出粒子性，两者绝不会同时出现。如图7-9所示为瑞士联邦理工学院的科学家首次拍摄的同时以波和粒子形式存在的光线照片，证明了爱因斯坦的理论，即光线这种电磁辐射同时表现出波和粒子的特性。照片中，底部的切片状景象展示了光线的粒子特性，顶部的景象展示了光线的波特性。

工具箱

　　普朗克常量：普朗克常量记为 h，是一个物理常数。马克斯·普朗克在 1900年研究物体热辐射的规律时发现，只有假定电磁波的发射和吸收不是连续的，而是一份一份地进行的，计算的结果才能和试验结果相符。这样的一份能量叫做能量子，每一份能量子等于 $h\nu$，ν 为辐射电磁波的频率，h 为一常量，即普朗克常量。物理学后来的发展表明，普朗克在1900年把量子引入物理学，正确地破除了"能量连续变化"的传统观念，成为新物理学思想基石之一。18年后，普朗克因此获得了诺贝尔物理学奖。

2. 实物也有波或粒子的纠结

著名的"双狭缝实验",充分展示了量子的神秘之处——如果你想要完全精确地描述这个世界,你的期望将被完全粉碎。想象在球馆里打保龄球,但首先在球道上安放一个双缝栅栏,并且在球道的终点放一个屏幕。当球滚过球道时,要么会被栅栏挡住,要么就从其中一个栏缝穿过,然后击中后方的屏幕。微观尺度的双狭缝实验就跟这个差不多,只是把保龄球换成了小上几十亿倍的电子。不过,当电子被掷向双狭缝时,奇怪的事情在屏幕上发生了,电子不仅击中了保龄球的那两个区域,而且击中了我们认为的被阻挡了的区域。这到底是怎么回事?

德布罗意假设

光具有波动性和粒子性。那么,实物粒子,就是那些静止质量不为零的粒子,是否具有波的性质呢? 年轻的法国学者德布罗意在1923年首先提出了这个问题,在1923年9—10月,德布罗意一连写了三篇论文,提到所有实物粒子都具有波粒二象性的假

科学家画廊

路易·维克多·德布罗意(Louis Victor de Broglie,1892—1987) 法国理论物理学家,波动力学的创始人,物质波理论的创立者,量子力学的奠基人之一。德布罗意1929年获诺贝尔物理学奖,1932年任巴黎大学理论物理学教授,1933年被选为法国科学院院士。

图7-10 德布罗意

设，认为任何物体都伴随以波，而且不可能将物体的运动与波的传播分开，并且给出了粒子的动量p与伴随着的波的波长λ之间的关系为：$p = \dfrac{h}{\lambda}$，这就是著名的德布罗意关系式。我们只能将它视为一种假设，它的正确与否，必须通过实验来验证，下面将会介绍验证这一假设的实验。

戴维孙-革末实验

戴维孙和革末（Lester Germer，1896—1971）的实验是利用电子束垂直投射到镍单晶上，电子束被散射的原理，其强度分布可用德布罗意关系和衍射理论给予解释，从而验证了物质波的存在。

此后，琼森（Jonson）完成了大量电子的单缝、双缝、三缝和四缝衍射实验（图7-13）。

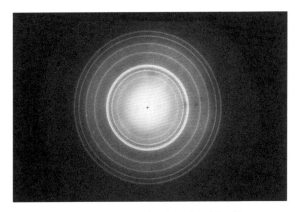

图7-11　戴维孙-革末实验衍射图样

科学家画廊

戴维孙（Clinton Davisson，1881—1958）美国物理学家，电子衍射的实验发现者之一，曾在贝尔实验室工作。他与革末在戴维孙-革末实验里共同合作发现电子衍射现象。同时，乔治·汤姆孙也独立发现了电子衍射现象。因此，戴维孙和乔治·汤姆孙于1937年一起荣获诺贝尔物理学奖。

图7-12　戴维孙（左）和革末（右）

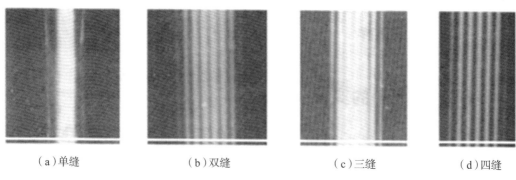

（a）单缝　　　　　　（b）双缝　　　　　　（c）三缝　　　　　　（d）四缝

图7-13　琼森电子衍射实验图样

后来很多实验证实了，不仅电子，而且质子、中子、氦原子、氢气分子等都具有波动性，并且波长都符合德布罗意关系式。氦原子和氢气分子的实验意义更深刻，它们和电子不同，都是由电子和其他一些粒子组成的复合体系。原子和分子也具有波动性充分表明了波动性的普遍存在。

经过计算，一个质量是0.01 kg的小球，以10 m/s的速度运动时，它的德布罗意波长为6.63×10^{-33} m。因此，如果想要观测到小球的德布罗意波，必须采用大小可与波长相比拟的孔径进行干涉、衍射实验，而在现实世界中我们无法找到这个数量级的小孔，故无法观测。由此可见，德布罗意关系在宏观物体上被它的粒子性掩盖了，它只有在微观粒子中才显示出来。

尽管电磁波和微观粒子都具有波粒二象性，但两者毕竟是两类不同的物质。电磁波的本质是波，只是从能量和动量上看，它兼有粒子的属性。微观粒子的本质是粒子，只有当它运动时才表现出波的属性，波函数（wave function）就是为了描述粒子的运动规律而引入的。

概率波

我们想知道光和德布罗意波是什么样的波，我们用双缝干涉进行实验探究。双缝干涉实验是由托马斯·杨在1801年首先做出的，并用光的波动理论做了满意的解释，它是光的波动理论最重要的基础实验之一。

如图7-14所示，我们在光源S前放有与S等距离的两条平行狭缝1和2，两缝之间的距离很小，这时狭缝1和狭缝2构成一对相干光源，从狭缝1和狭缝2发出的光将在空间叠加，产生干涉现象。

曲线 $I_1(x)$ 表示仅当狭缝1打开时在屏幕上记录到的光强沿 x 方向的分布；曲线 $I_2(x)$ 表示仅当狭缝2打开时在屏幕上记录到的光强沿 x 方向的分布；$I_{12}(x)$ 表示两缝同时打开时在屏幕上显示的双缝干涉图样。

$$I_{12}(x) = I_1(x) + I_2(x) + \text{干涉项}$$

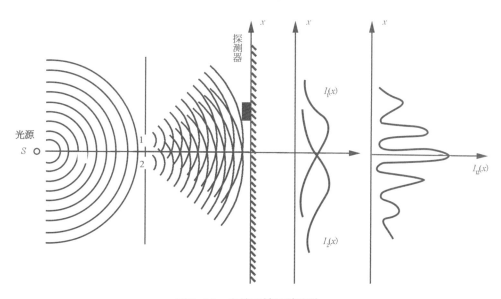

图7-14　光的双缝干涉实验

如果在 S 处换上一架机枪，如图7-15所示，子弹向两孔乱射。那么，依照经典的观点，我们将得到如图7-15所示的结果，两孔同时打开时得到的强度分布 $n_{12}(x)$ 只是两孔分别打开时的强度之和。

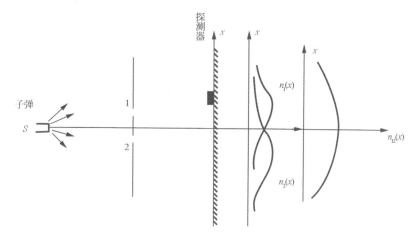

图7-15　子弹的双缝实验

$n_{12}(x) = n_1(x) + n_2(x)$，这里并不存在干涉项。

如果在S处放的是一把电子枪会发生什么情况? 按照经典观点,应该与第二种情况一致,而实际上却得到了类似于第一种情况的结果,如图7-16所示。

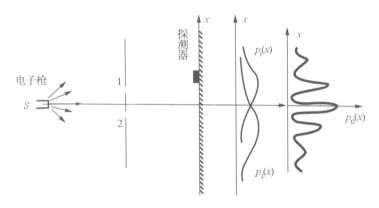

图7-16　电子枪双缝干涉实验

在一束光中,是光子之间的相互作用使它表现出了波动性,还是光子本身就具有波动性呢?

为了弄清这个问题,我们可以使光源S非常弱,以至它在前一个光子到达屏幕后才发射第二个光子,这样就排除了光子之间相互作用的可能性。实验已经发现,不论我们把入射光强减弱到什么程度,只要屏幕的曝光时间足够长,我们仍能观察到双缝干涉的图样(图7-17)。

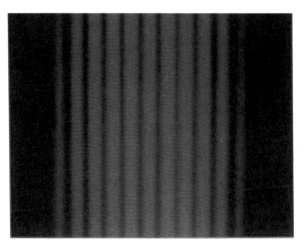

图7-17　弱光源干涉图样

如图7-18所示是想象单光子穿过干涉仪时的情景,图中远处可以看到振荡的波形,表示的是单光子干涉,是一种波动现象。而在图片近处,观察不到振荡,说明只

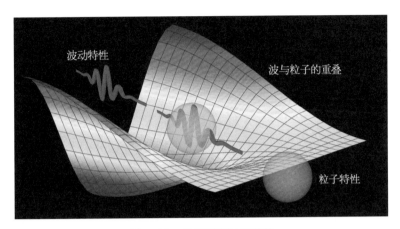

图7-18　单光子穿过干涉仪

表现出粒子的特性。在两种极端之间，单光子的行为连续不断地从波的形式向粒子形式转变，图中显示了这两种状态的重叠。

　　同时，现代的实验技术已可使电子流减弱，使电子发射的间隔时间比个别电子通过狭缝的时间长很多倍，让电子一个一个地入射，再重复上述实验。开始时屏上的分布似乎毫无规律，时间长了，我们仍然得到了双缝干涉图像（图7-19）。不论光子、电子，还是中子、质子，我们都得到了类似的结果。

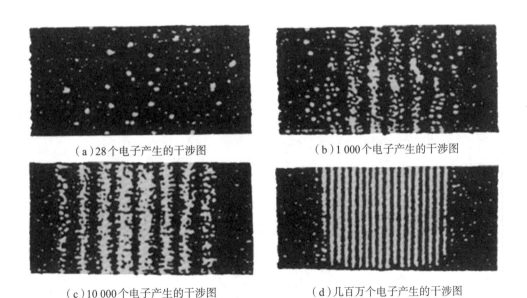

（a）28个电子产生的干涉图　　　　　　　（b）1 000个电子产生的干涉图

（c）10 000个电子产生的干涉图　　　　　（d）几百万个电子产生的干涉图

图7-19　电子的干涉图

　　现在的问题是，一个光子通过狭缝后到底落在屏上的哪一点呢？对此，1926年德国物理学家玻恩（Max Born，1882—1970）指出，虽然不能肯定某个光子落在哪一点，但由屏幕上的亮暗程度可以推知，光子落在各点的概率是不一样的，即光子落在明纹处的概率大，落在暗纹处的概率小，这就是说，光子在空间出现的概率可以通过波动规律来确定。所以，从光子的概念上看，光波是一种概率波。对于电子和其他微观粒子，同样具有波粒二象性，所以与它们相联系的德布罗意波也是概率波。虽然说单个粒子的位置是不确定的，但在一定条件下（如双缝），它在空间某个位置出现的概率是可以确定的。

为了"看看"电子如何通过双缝，试在双缝旁边各放一光源和一光探测器，光源发出的光子打在经过狭缝的电子上，被散射出来由探测器记录。

假如电子同时通过双缝，那么两只光探测器同时给出信号。我们控制电子流，使电子一个一个地射向屏幕，结果发现，总是只有一只光探测器给出信号，从来没有符合计数，似乎真相大白，我们发现了电子的踪迹，但再看看屏上电子的强度分布，又出现了没有料到的结果：干涉图像居然消失了，测到的只是像机枪子弹那样的结果，为两个强度的简单相加！换言之，我们要想在狭缝旁边窥视电子的行为，干涉就消失了，把光源关掉，我们又得到了干涉图像！（有人会说是光子与电子的作用效果太强以致破坏了干涉）经过各种条件、不同方式的实验的反复试验与考虑，人们发现，"观察效应使干涉消失"在原则上无法避免。

所以，从光子的概念上看，光波是一种概率波（probability wave）。对于电子（图7-20）和其他微观粒子，同样具有波粒二象性，所以与它们相联系的德布罗意波也是概率波。

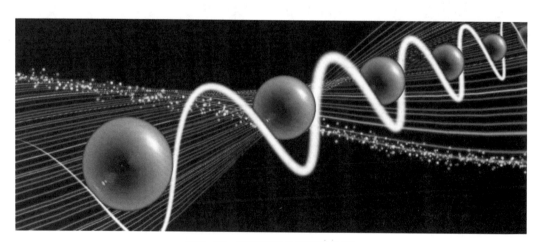

图7-20 既是波又是粒子的电子

参考文献

［1］林青.光的本性——波粒二象性的教学探讨［J］.教育教学论坛，2014（6）：280-281.

［2］斯杰潘诺夫.光学三百年［M］.北京：科学普及出版社，1981.

［3］闫晓星，王洪鹏.殊途同归的光本性之争［J］.现代物理知识，2006（2）：68-70.

［4］谭坤.托马斯·杨与光的波动说的兴起［J］.潍坊学院学报，2003，3（6）：10-11.

［5］卡约里.物理学史［M］.戴念祖，译.北京：中国人民大学出版社，2010.

［6］杨福家.原子物理学.第4版［M］.北京：高等教育出版社，2008.

［7］曾谨言.量子力学.卷2［M］.北京：科学出版社，2007.

第八章　万物皆有默契吗？

- 量子纠缠的提出
- 鬼魅超距作用的争论
- 量子纠缠应用的探索
- 量子纠缠带来的自然观挑战

什么是量子？量子是能量的最小单元，分子、原子等都是量子的一种表现形式。所以，就这个意义而言，万事万物都由量子构成。在过去的一个世纪里，人类对量子的研究已经逐渐发展为现代科技的支柱，衍生出诸如高温超导、核磁共振等一系列与我们生活息息相关的科技成果，相信在不久的将来，量子还会带给我们更多惊喜和便利。

量子纠缠的提出

一个世纪以来，科学家们一直在为"量子纠缠"（quantum entanglement）而争论不休。薛定谔认为量子纠缠是量子力学和经典物理最根本的区别所在，爱因斯坦更称这种微观物理现象为"幽灵般的超距作用"，量子纠缠被誉为"21世纪十大待解科学谜团"之一，现代科学对它的研究还远远没有结束。

薛定谔的猫

图8-1　生死纠缠的"薛定谔猫"

"纠缠"（entanglement）这一名词可以追溯到量子力学诞生之初。纠缠的概念最早来自1935年关于"薛定谔猫"的思想实验——猫的死态、活态与放射源放出和没有放出粒子相纠缠。

如图8-1所示，一个密闭的容器内有一个毒气瓶和一只猫，毒气通过铀原子是否衰变来控制。有一半的概率铀原子将会衰变触发毒气瓶而杀死这只猫，另有一半概率铀原子不会衰变而猫将活下来。在经典世界里，容器中必将发生这两个结果之一。

 工具箱

　　量子：能量等物理量被分割成一份一份的不能再被分割的个体，这样的一份就叫做量子。量子这一重要概念最早由德国物理学家普朗克在1900年提出。

　　量子叠加态：叠加态（superposition）起源于双缝干涉实验，是量子力学五个基本假定之一，也是量子力学最难理解的地方，指物理系统在被测量前可以处于多个状态的叠加，如薛定谔的猫（生与死的叠加）。

而在量子的世界里，封闭容器中的整个系统保持着不确定的状态。由于铀原子处在衰变和不衰变的叠加态，这就说明猫处在死与活的叠加态，那就是"猫既是死的，又是活的"，外部观测者只有打开盒子才能知道里面的结果。现在学术上常把这种状态称为"薛定谔猫态"。

按照量子力学的解释，容器中的猫处于"死-活叠加态"，要等我们把容器打开，看猫一眼才能决定猫是生还是死。（注意！不是发现而是决定，仅仅看一眼就已经决定了猫的生死状态。）只有当你打开盒子的时候，叠加态才会突然坍缩为一个确定的状态，从而知道猫的确定态：死，或者活。这种解释是哥本哈根诠释（Copenhagen interpretation），与我们观测到的、只出现一种的结果相符合，虽然违背了薛定谔方程，但长期以来出于实用主义的考虑，物理学家们还是接受了这种诠释。

科学家画廊

薛定谔（Schrödinger，1887—1961）　奥地利物理学家，量子力学奠基人之一。他以德布罗意物质波理论为基础，建立了波动力学，提出了描述微观粒子运动状态的基本定律——薛定谔方程，并提出"薛定谔猫"的思想实验，试图证明量子力学在宏观条件下的不完备性。同时，他也研究了有关热学统计的理论问题。

图8-2　薛定谔

EPR佯谬

同年，爱因斯坦同波多尔斯基和罗森一起发表了名为《能否认为物理实在的量子

力学描述是完备的》的论文(后人常谓之EPR论文),这其中也包含有纠缠的思想。他们提出了如下量子态:

$$\psi(x_1,\ x_2)=\int_{-\infty}^{\infty}\exp\left[\frac{i}{h(x_1-x_2+x_0)}\right]\mathrm{d}p$$

其中x_1和x_2分别代表了两个粒子的坐标,这个量子态的基本特征就是它不能写成两个子系统量子态的直积形式,即:

$$\psi(x_1,x_2)\neq\Phi(x_1)\Phi(x_2)$$

这样的态$\psi(x_1,x_2)$包含了纠缠的思想,之后薛定谔在写给爱因斯坦的信中称这样的$\psi(x_1,x_2)$是纠缠态。

在EPR论文里,他们试图借助一个理想实验来论述量子力学的不完备性,但他们并未进一步洞察量子纠缠的特性。

按照EPR论文的思路,1951年,玻姆研究了由两个自旋均为二分之一、相同原子组成的双原子分子,使它们处于总自旋为零的状态。若让分子受某种影响两个原子反向飞出,其结果——就如玻姆说:"虽然两个原子的运动在相互作用停止以后本应当是彼此独立的,但这两个原子的自旋状态实质上仍然关联。"可见,玻姆设想的量子纠缠,实际上揭示了不存在相互作用的两个子系统之间存在的相互关联或相互影响。

科学家画廊

图8-3 玻姆

玻姆(David Joseph Bohm,1917—1992) 饮誉当代的量子物理学家和科学思想家。作为一位伟大的科学思想家,他和爱因斯坦一样,坚持受到现代科学支持的整体性实在观。在量子力学的基础研究中,他以反潮流的大无畏精神和严谨求实的科学态度对玻尔创立的量子力学正统观点提出了挑战,同时致力于量子理论的新解释。

贝尔不等式

按EPR论文的论证，在承认定域实在论的前提下，量子力学并非一个完备的理论，所以应当有附加的变量加以补充，以确保理论的因果性和定域性。1964年，贝尔（John Stewart Bell，1928—1990）根据两个前提：（1）爱因斯坦的定域实在论；（2）有隐变量存在，即隐变量决定了测量的结果，推导出一个贝尔不等式（Bell's inequality）：

$$|P_{xz}-P_{zy}| \leqslant 1+P_{xy}$$

注：P_{xy}的意义是粒子A在x方向上和粒子B在y方向上测量到自旋相同的概率。

贝尔不等式的意义

在理论物理学中，贝尔不等式是一个有关是否存在完备局域隐变量理论的不等式，提供了用实验在量子不确定性和爱因斯坦的定域实在性之间做出判决的机会。贝尔不等式不成立意味着爱因斯坦主张的局域实体论（local realism）不符合量子力学理论，量子力学是正确的。

贝尔指出，基于隐变量和定域实在论的任何理论都必定遵守这个不等式，而量子力学却破坏这个不等式。

据此，贝尔总结出一个定理：定域隐变量理论不能完全重现量子力学的全部预言，这就是贝尔定理。

1982年，法国物理学家艾伦·爱斯派克特（Alain Aspect）和他的小组成功地完成了一项实验，证实了微观粒子之间存在着一种叫作"量子纠缠"的关系。这一结论对西方科学的主流世界观产生了重大冲击。

1989年通过研究三个相互纠缠粒子形成的GHZ态而得到了GHZ定理。该定理表明：对于三粒子GHZ态，存在一组相互对易的可观测量，对于这组力学量的测量，该定理以确定的、非统计性的方式暴露出量子理论与经典定域实在论之间的不相容性。

与两个粒子形成的纠缠态相比，三粒子的GHZ态更显著地违背了定域实在论，进一步支持了贝尔的结果。

2001年，在GHZ定理的基础上，坎贝尔提出了更为理想的无不等式的贝尔定理，即坎贝尔定理：量子理论将以确定的方式给出与经典定域实在论相互排斥的结果。迄今十几个实验都证明了贝尔不等式可以被破坏，即，都反对定域实在论的量子力学，表明了EPR佯谬的不正确，并明确支持量子力学理论所表现出的空间非定域性质。

总结量子纠缠的发展历程，20世纪物理学家认识量子纠缠概念的主要过程大致可归结为：薛定谔→EPR→玻姆→贝尔不等式→GHZ→坎贝尔→量子信息论。

 工具箱

> **定域描述与非定域描述**：定域实在论是一种与定域要求相联系的物理实在观，比如经典场论是定域实在的（场本身就是空间上的函数，比如某一空间点上的场量）。自然地，目前主流的理论，也是定域性描述。
>
> 非定域描述隐含超距作用，物质的相互作用结果与距离没有关系。非定域描述指的是某处的物理过程依赖于另一处的场量。

鬼魅超距作用的争论

量子理论的观念是如此的具有冲击，以至于让最不保守的物理学家们在潜意识里也难以接受它。量子理论甚至改变了整个物理世界的基本思想，连它的开创者也难以驾驭，以至于量子理论的奠基人之一玻尔都要说："如果谁不为量子理论而感觉困惑，那他就是没有理解量子理论！"

量子纠缠

在认识量子纠缠之前，量子叠加原理（superposition principle）是不得不谈的一个定理。量子叠加态是一种多种状态并行的量子态，这就像《西游记》里孙悟空的分身术一样，多个孙悟空并存。量子也有分身术，但是跟孙悟空的分身术不一样的地方在于，量子的分身术不能被人看到，一旦有人去看它，它的分身就会随机地消失，而最后只留下一个（这在物理学上叫做量子态的坍缩）。

如果叠加原理出现在两个以上粒子组成的系统（发生量子纠缠的粒子一定是一个整体）中，那就变成爱因斯坦称为"遥远距离诡异相互作用"的量子纠缠——纠缠状态下的粒子某些性质是相互关联的。出乎意料的是，量子力学表明，即便你将这两个粒子分开遥远距离，让它们反方向运动，它们依旧无法摆脱这种纠缠态。

如图8-4所示，假如我们用薛定谔的猫做比喻，那么就是 A 猫和 B 猫如果形成以上所说的纠缠态。

$$|\Psi\rangle = a\ |\ \ \rangle + b\ |\ \ \rangle$$

图8-4　A 猫与 B 猫的状态相纠缠

那么无论这两只猫相距多远，即便在宇宙的两端，当 A 猫"死"的时候，B 猫必然是"活"的；当 A 猫是"活"的时候，B 猫一定是"死"的。当然真实的情况是猫这种宏观的物体不可能将量子纠缠维持这么长时间，几乎是一瞬间纠缠就会解除。但是基本粒子却是可以做到的，比如说光子。

这种超越空间距离的瞬间作用十分神奇。两个处于"纠缠态"的粒子，无论相隔多远，同时测量时都会"感知"对方的状态。当其中一颗粒子被操作（例如对其进行量子测量）而发生状态变化的时候，另一颗粒子会立即感知到而发生相应的状态变化。这种超光速的感知是瞬时的，超越了我们的四维时空，不依赖于空间距离，因而量子理论是非定域的。

鬼魅的超距作用

量子纠缠的神奇之处就在于，尽管发生纠缠的两个粒子之间没有作用力，也没有电话线之类的可以彼此沟通，但即使你只对其中一个粒子进行测量，也会瞬间影响到另一个粒子的状态，这真是诡异至极啊！因此量子纠缠曾经被爱因斯坦称为"鬼魅的超距作用"，并提出了EPR佯谬来质疑量子力学的完备性（因为违反了他提出的"定域性"原理）。但是后来一次次实验都证实量子力学是对的，非定域的量子纠缠可以存在，定域性的量子力学必须舍弃。

图8-5　爱因斯坦与玻尔的观点交锋

子系统之间存在量子纠缠最重要的特点是：两个粒子的状态相互依赖而又各自都处于一种不确定的状态。这样一来，对一个子系统的测量必然导致另一个子系统产生相关联的量子态塌缩。

　　就像双胞胎的心灵感应一样，相互纠缠的两个粒子无论相距多远，它们的行为总是相互关联。关于量子纠缠的比喻有很多。中国科学技术大学量子信息实验室的郭光灿院士曾经打过一个比方来比喻量子纠缠，虽然目前量子纠缠从未在宏观物体中被发现，但我们仍可以加以理解——远在美国的女儿生下孩子那一瞬间，中国的母亲就成为孩子的姥姥，即便她本人可能还不知道。之所以她是孩子的姥姥而不是别人，而且她一定会成为姥姥，就是因为她和女儿之间有一种相互关联的"纠缠"关系。总之，微观粒子之间的量子纠缠，是一种物理关联，是传递量子信息的通道，它的实质是多粒子的量子系统中一种非定域的相互关联和联系。

　　量子纠缠超越了我们生活的四维时空，不受四维时空的约束，是非局域的，量子纠缠说明了看起来互不相干的、相距遥远的粒子甲和乙在冥冥之中存在着联系，同时更蕴意着宇宙万物在冥冥之中存在深层次的内在联系。

科学家画廊

图8-6 玻尔

　　玻尔（Niels Henrik David Bohr，1885—1962）丹麦物理学家，哥本哈根大学的硕士和博士，丹麦皇家科学院院士。

　　玻尔通过引入量子化条件，提出了玻尔模型来解释氢原子光谱；提出互补原理和哥本哈根诠释来解释量子力学，他还是哥本哈根学派的创始人，对20世纪物理学的发展有深远的影响。他获得了1922年诺贝尔物理学奖。

3. 量子纠缠应用的探索

量子纠缠的功能不仅仅在于检验基本理论的完备性。随着量子信息科学的发展，量子纠缠态被用于量子密钥分配、量子隐形传态、量子计算等领域。

量子隐形传态

有了量子纠缠，量子隐形传输（quantum teleportation）的概念也就呼之欲出。1993年，量子信息理论的权威本内特等6位科学家联名在《物理评论快报》发表题为《经由经典和EPR通道传送未知量子态》的论文，提出了量子态隐形传输的方案：把量子态从一个粒子传到遥远距离处的另一个粒子上，该粒子在接收到这些信息后将成为原粒子的复制品，在此过程中传输的是原粒子的量子态而非原粒子本身，传输结束后，原粒子不再具有原来的状态而具有了新的量子态。比如要把北京的量子传送到上海，我们可以先在北京和上海的粒子间建立纠缠，然后通过对两地的粒子，做一些特殊的操作，那么在北京的量子就会消失而出现在上海。

2009年，中国科学技术大学和清华大学联合研究小组成功实现了世界上最远距离自由空间量子隐形传态，证实了量子隐形传输过程穿越大气层的可行性。量子纠缠，是量子力学里最古怪的东西。倘若我们能够接受世界原本就是如此古怪的事实，那么能否利用这种"鬼魅般的超距作用"来做些有用的事情呢？科学家的梦想之一就是实现"瞬间移动"。2012年8月，我国科学家潘建伟等人在国际上首次成功实现百公里量级的自由空间量子隐形传态和量子纠缠态分发。这可能使这种以往只能出现在科幻电影中的"瞬间移动"场景变为现实：如图8-7所示，存放着机密文件的保险箱被放入

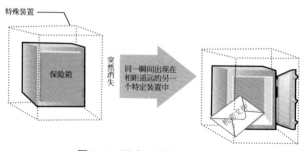

图8-7　秘密文件的瞬间移动

一个特殊装置之后，可以突然消失，并且同一瞬间出现在遥远距离的另一个特定装置中，被人方便地取出。

科学家画廊

　　潘建伟（1970—　　） 浙江省东阳市人，物理学家，量子光学、量子信息和量子力学基础问题检验等方面的国际著名学者。潘建伟有关实现量子隐形传态的研究成果入选美国《科学》杂志"年度十大科技进展"，并同伦琴发现X射线、爱因斯坦建立相对论等影响世界的重大研究成果一起被《自然》杂志选为"百年物理学21篇经典论文"。其研究成果曾6次入选两院院士评选的"中国年度十大科技进展新闻"。

　　量子力学的不确定性使我们不能把量子态的信息全部提取出来，所以我们把原量子态的全部信息分为经典信息和量子信息两部分，分别经由经典通道和量子通道传递给接收者。如图8-8所示，要实现量子隐形传态首先需要接收方（B）和发送方（A）共享一对EPR对；发送方对他所拥有的一半EPR对和所要传递的信息所处粒子进行联合测量，这样接受方的另一半EPR对将在瞬间坍缩为某一未知量子态（具体坍缩为哪一量子态依据发送方不同的测量结果而定）；发送方将测量结果经由经典通道告诉接收方，接收方根据这些信息可以对另一半EPR对作相应的幺正变换而恢复原来的量子态。

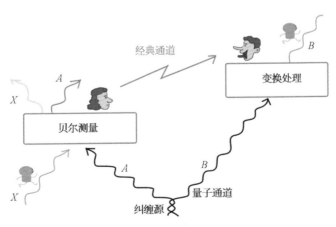

图8-8　量子隐形传态

那么，利用量子隐形传态是否能够实现超光速通信？

传统认为光速最快，但2015年3月6日一篇标题为"中科大实现量子瞬间传输技术重大突破"的报道中写道：中国科学技术大学潘建伟教授主持的量子隐形传态研究项目组2013年测出，量子纠缠的传输速度至少比光速高4个数量级。

与广为流传的说法不同，由于量子隐形传态必须要借助经典通道才能实现，而在经典通道传送信息的速度不可能超光速，所以即便量子信息的传递是超光速的，超光速量子隐形传输也不可能实现！

量子计算机

有了量子叠加和量子纠缠，首先的一个应用就是计算机计算能力的飞跃——量子计算机。量子计算机的计算原理和薛定谔的猫一样，利用的都是"量子叠加态"。这意味着计算机能同时尝试所有可能的解，以远超传统计算机的速度进行复杂的计算。

量子计算机（quantum computer）是一类遵循量子力学规律进行高速数学和逻辑运算、存储及处理量子信息的物理装置。当某个装置处理和计算量子信息，而运行量子算法时，它就是量子计算机。

传统的数字计算机中只能在0和1的二进制系统上运行，常称为0和1两种"比特"（bit）；而量子计算机可以计算0和1之间的数值，在量子比特（qubit）上运算，显得更为强大。

量子计算的神奇之处就在于，它可以做到真正的并行运算与存储。例如，一个数位的经典存储器可以存储数字0或者数字1，在某一时刻存储器要么存储0要么存储1；而对于量子比特存储器来说，在同一时刻，它可以既存储0又存储1，其存储和运行能力相较于传统数字计算机而言都显示出指数上升的优越性。一个250量子比特的存储器的存储容量比我们现已知的宇宙所有原子数还要多。量子计算机对每一个叠加的分量所实现的变换相当于一种经典计算，所有这些经典计算同时完成，并按一定的概率叠加振幅，给出量子计算机的输出结果。这种计算称为量子并行计算，也是量子计算机较传统计算机的优越之处。

比方说，如图8-9所示，如果我们需要进行一次300位的大数分解，用传统的计算机15万年才能完成，而如果我们使用量子计算机，则只需要一秒钟就可以算出结果。

既然量子计算机已经研制成功，那为什么现在还没有普及呢？因为，它的运行条件苛刻（至少要符合三个条件：真空环境、绝对零度和磁场保护）。量子力学是在微观尺度上进行研究的科学，要想操纵计算机的量子位，条件非常苛刻：首先，因为原子

图 8-9 量子计算机 vs 传统计算机

在常温下的速度高达每秒数百米,所以只有让原子处于在极低温的状态下才能操纵原子;其次,量子计算机还要放到比地球磁场弱 50 000 倍(基本相当于没有磁场)、大气压比地球小 100 亿倍(基本相当于真空)的环境中,以保持量子态的稳定。

除了运作环境要求严格,量子计算机在实际推广方面也会遇到障碍。这是因为量子计算机与传统计算机的计算方法完全不同,因此编程的方式也会不同,必然更加复杂。这意味着,对于程序员来说,要掌握一套比现有算法更为复杂的编程方式。

虽然实现对微观量子态的操纵确实太困难,但这并不能妨碍人类对此进行大胆的设想与探索,科技的发展日新月异,也许在不久的将来量子计算机就会给我们带来很多惊喜和便利。

量子保密通信

就目前来看,量子纠缠一个最为可行的应用,当属量子保密通信(quantum private communication)。在传统的世界里,通过光缆传递信息被认为是最安全的一种信息传递方式,因为光所有的能量都被限制在光纤里面,特别是把光缆沉到几千米的海底,那就更加安全。但是随着科技的发展,已经有了一种装置,通过让光缆泄露很小很小的一部分能量就能对光缆里的信息进行探测,这样一来,信息安全岌岌可危。

幸运的是,量子保密通信为我们提供了一种目前来看绝对安全的信息传递方式——发送方和接收方采用单光子的状态作为信息载体来建立密钥。在量子保密通信过程中,窃听者既无法将单光子分割成两部分,让其中一部分继续传送,而对另一部分进行状态测量获取密钥信息,又无法对单光子状态进行测量或是试图复制之后再测量,从而避免信息的暴露。

比如说,如果我想把一个小秘密,传送给A,那么首先用量子的方式给A传一把钥匙,再给他传一个箱子,那个箱子是锁好的,A有了这把钥匙,就能把箱子打开,获得这个秘密。因为这是用量子的方式来传递钥匙,量子有很多状态,如果有人想截获这把钥匙,是不是能得到这个秘密呢?是不可能的,为什么?因为他一旦对钥匙进行了测量,其他的状态就会消失而坍缩为一个状态,所以,我就能知道有人在窃听,那我就把这把钥匙废掉,再给A传一把。

有人提到说既然你都截获了钥匙,你为什么不直接复制一把钥匙,用这把新复制出来的钥匙去打开箱子呢,这样就能让A以为没人窃听,保证本次传输的顺利进行了。说到这里就不得不提到量子不可克隆原理(No-Cloning Theorem)。我们知道在经典世界里,物体是可复制的,但在量子世界里面——不存在任何的物理过程可以精确地复制未知量子态。

量子保密通信为什么安全?很简单,因为量子纠缠是一个整体,一旦被干扰,量子纠缠就会解除,终止传输;不像电脑,遇到黑客攻击,仍然还在运行。

那么这种信息传递方式到底有多安全呢?只要信息的传递不超过光速、时间不可反演,那么这种通信的方式就是无条件安全的。而量子保密通信最终极的目标就是建立覆盖全球的广域量子保密通信网络。2017年9月29日,世界首条量子保密通信干线"京沪干线"(图8-10)正式开通。目前世界上一个比较公认的路线图,就是先利用光纤在城市内构建一个网络,然后利用中继器连接实现城际网络,再通过卫星的中转实现远距离量子通信,最终构成广域量子通信网络。

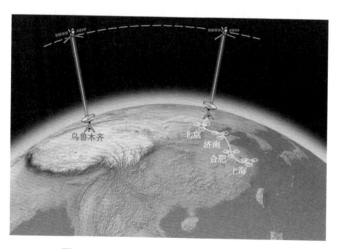

图8-10 全球首条量子通信"京沪干线"

"墨子号"量子卫星

量子保密通信技术已经逐渐从实验室演示走向了产业化。在城市里,通过光纤建构的城域量子网络通信已经开始尝试实际应用,我国在城域光纤量子通信方面也已经取得了优先权,占据了国际领先的地位。

中国是量子通信国际赛跑中的后来者，但可喜的是，经过多年的努力我国已然跻身于量子信息研究的国际一流行列，在城域量子通信技术方面的研究水平也位于世界前列，完成了合肥、济南等规模化量子通信城域网的建设。

然而，这只是开始。"在城市范围内，通过光纤构建城域量子通信网络是最佳方案。但要实现远距离甚至全球量子通信，仅依靠光纤量子通信技术是远远不够的。"潘建伟说。

他解释说，因为光子在光纤里传播100 km之后大约只有1‰的信号可以到达最后的接收站，所以光纤量子通信达到百千米量级就很难有进一步突破。而由于真空里没有光的损耗，所以实现覆盖全球的广域量子保密通信，还需要依赖于卫星的中转。

2005年，潘建伟团队实现了13 km自由空间量子纠缠和密钥分发实验，证明光子穿透大气层后，仍然能够有效保持其量子态。近几年开展的一系列后续实验都验证了星、地量子通信的可行性，为发射量子卫星奠定了技术基础。

另外，量子理论与经典理论的差异之处在实验室里经过了不断重复和检验，但却从未在太空尺度验证。量子理论的各种奇异现象在太空中是否还存在？量子纠缠和隐形传输是否可以延伸到星、地之间？等等，这些问题都需要通过发射量子卫星来回答。

2016年8月16日凌晨1时40分，我国酒泉卫星发射中心发出一声巨响，人类历史上第一颗用于量子通信研究的科学实验卫星"墨子号"终于发射升空。墨子最早提出光沿直线传播的观点，首颗量子卫星之所以以墨子的名字来命名，就是为了纪念他在我国早期物理光学领域作出的突出贡献。

墨子号将在世界上首次开展四项实验任务以期实现两大科学目标：其一，进行经由卫星中继的"星地高速量子密钥分发实验"，并在此基础上进行"广域量子通信网络实验"，以期在空间量子通信实用化方面取得重大突破；其二，进行"星地双向纠缠分发实验"与"空间尺度量子隐形传态实验"，以开展空间尺度量子力学完备性检验的实验研究。

量子纠缠带来的自然观挑战

量子纠缠对哲学界、科学界和宗教界已经产生了深远的影响，也给西方科学的主流世界观带来了巨大冲击。

宇宙的整体性

从伽利略、牛顿以来，西方科学的主流世界观认为宇宙如同一个巨大的机器一般，没有自我意识或目的，它的各个组成部分互相独立，它们之间的相互作用受到时空的限制（即是局域化的），整体等于个体之和，可以通过研究个体的方式来认识整体。典型的一个例子就是机械制造，一个机器的整体就是所有零件之和。在这样的世界观下发展起来的实证科学甚至把人也当成机器一样来处理，西医的"头痛医头，脚疼医脚"用的就是这种方法。量子纠缠的实验事实指明了西方科学主流世界观似乎存在严重缺陷。

量子纠缠的非局域性强调了整体性的概念。非局域性表明物体之间存在现代科学还认识不到的内在联系，所显示的整体性大于组成整体的个体之和，这和实证科学的假设相抵触。所以有个说法，现代科学认识事物的方式存在"见点不见面，只见树木不见森林"的缺陷。而中国传统哲学、科学、医学都具有以整体性来认识世界的观点。

量子纠缠表明了宇宙是个不可分割的整体，物体在冥冥之中存在着联系，整体大于个体之和，这使得实证科学的基点是错误的。

西方科学在研究意识中遇到的困难是，无法用我们人类熟悉的时间、空间、质量、能量等物理量来测量意识，但是我们每一个头脑清醒的人都知道自己的意识是客观存在的。那么，我们该如何研究这个无法用常规方法进行测量而又真实存在的意识呢？

万物皆有意识？

人们在总结各个学科的经验教训，尤其是在总结研究生命现象所遇到的困难时，越来越多的研究人员开始认识到，长期以来被西方实证科学所忽视的意识，必须要被考虑进来。

"意识的难题"是指体验与感受的问题，例如对颜色、味道、明暗等的感受，对价值观的判断等。"意识的难题"近年来重新触发了哲学上长期解决不了的争论，即意识是从物质中突然出现的，还是万物皆有意识？

自笛卡儿以来的西方主流世界观认为——物质决定意识，意识是在物质中产生的副产品，这种唯物论观点早就遇到了难以克服的困难与挑战。面对现代科学在研究意识时遇到的问题，现在哲学、心理学、物理学等多学科领域里越来越多的人认为，就像时间、空间、质量、能量一样，意识也是物质的一个基本属性，是宇宙不可分割的部分。这种观点成为近年来思想界、学术界的一个新的发展趋势。

现在越来越多的科学家认识到，在大脑神经层次上无法真正了解意识，意识是在大脑的微观下就出现的，即要真正研究意识，必须要在微观领域里进行，要在量子的层次上进行研究。我们知道，量子力学描述的就是微观领域的世界，而量子力学本身又遇到了意识的难题（测量问题）。因此，物理学和生物学在微观领域里，在量子的层次上遇到了意识这一共同的研究对象。

与此同时，如果说意识是物质的一个基本特性，那么在微观粒子中同样存在着意识，即意识在量子水平、在微观领域里就自然存在着，这也就会引导物理学和生物学在微观领域里、在量子的层次上研究意识。

意识对人来说看不见，摸不着，无法用时间、空间、物质、能量等概念来测量，不过意识具有一些人们熟悉的特点。如果认为意识是物质的一个基本特性，那么微观粒子自然也具有意识，自然也会表现出意识的特点。如果在实验中微观粒子表现出意识的一些特点，那么是不是可以说是在一个侧面证实了微观粒子具有意识？

前面说的量子纠缠的实验证实，人们从中认识到物质之间存在着内在的联系，但是无法全面认识量子纠缠的意义。其主要原因还是人们习惯于用物质观的角度来看待微观粒子。

实验表明，量子纠缠这种关系一旦发生后，就会一直保持下去，不以宏观距离的远近为转移。微观粒子总是能够保持这种记忆能力，能够区分、识别和自身存在这种"纠缠关系"的特定粒子，还能够不受时空限制地"认识"和"记住"这种纠缠关系，这一点我们用纯物质的观念是难以理解的，其实微观粒子的这些特征和人的意识十分相似。

趣闻插播

爱因斯坦与月亮的哲学问题

爱因斯坦在一次散步时问他的学生派斯教授："你是否相信，月亮只有在看着它的时候才真正存在？"这里爱因斯坦谈的是量子理论，特别是在物理观察意义上微观粒子的客观存在性问题。国内学术界曾围绕"月亮问题"展开激烈的讨论。有人认为微观粒子只有在我们有意识观察它时才显像。

对于爱因斯坦来说，一个没有严格因果律的物理世界是不可想象的。每一事件都有前因后果，而不依赖什么"随机性"。至于抛弃客观实在，更是不可思议的事。而玻尔认为，没有观测的时候，不存在一个客观独立的世界。（即所谓物不自物，因心故物。）所谓"实在"，只有和观测手段连起来讲才有意义——即意识参与。因此月亮的存在与我们的观察相关。

量子力学似乎是那么的玄妙和高不可攀，但它却实实在在地改变着我们的生活。除了量子信息论领域，量子力学也逐渐渗透到生命科学领域，其前景实在难以预测。尽管迄今为止的实践都无不在证明着量子理论的正确性，但这只表明它在人类迄今涉及的领域是正确的。量子理论并非绝对真理，和其他的自然科学一样，我们应该把量子力学看作是一门还在发展中的学科。在进一步的探索中，人类对自然界物质存在形式和运动规律的认识，也许还会有根本性的变革。

参考文献

［1］吴国林.量子纠缠的产生及其哲学意义［J］.华南理工大学（社会科学版），2008，10（8）：7–11.
［2］李宏芳."薛定谔猫佯谬"的哲学研究［J］.科学技术与辩证法，2005，22（2）：7–11.
［3］吴国林.量子纠缠及其哲学扩展［J］.哲学分析，2011，2（2）：120–130.
［4］耿天明.量子纠缠的理论与实践［J］.北京广播学院学报（自然科学版），2004，11（2）：40–42.
［5］李克轩，李文博.量子纠缠与量子隐形传态［J］.北方交通大学学报，2004，28（3）：64–69.
［6］吴国林.量子纠缠的产生及其哲学意义［J］.华南理工大学（社会科学版），2008，10（8）：7–11.
［7］佚名.国家自然科学一等奖的"量子纠缠"到底是个啥？［EB/OL］.［2016–01–11］.http://tech.sina.com.cn/d/i/2016–01–11/doc-ifxnkkux1079019.shtml.
［8］卞骥.量子纠缠，看似荒谬的超距感应［EB/OL］.［2014–03–24］.http://tech.ifeng.com/discovery/front/detail_2014_03/06/34487339_0.shtml.
［9］佚名.［EB/OL］.［2014–03–24］.http://www.zhihu.com/question/20322494/answer/18693285.
［10］吴国林.量子纠缠及其哲学意义［J］.自然辩证法研究，2005，21（7）：2–9.
［11］佚名.我国科学家首次实现远距离自由空间量子态隐形传输［EB/OL］.［2010–06–04］.http://news.qq.com/a/20100604/001960.htm.

［12］佚名.我国在全球首次实现量子信息百公里隐形传输［EB/OL］.［2012-08-12］.http://news.
　　　sina.com.cn/o/2012-08-12/023924951385.shtml.

［13］李同山，王善斌.量子纠缠与超光速量子通信［J］.山东理工大学学报（自然科学版），2006，
　　　20（2）：90-94.

［14］吴楠，宋方敏.量子计算与量子计算机［J］.计算机科学与探索，2007，1（1）：1-15.

［15］yannwang.谷歌：量子计算机比普通计算机速度快1亿倍［EB/OL］.［2015-12-11］.http://digi.
　　　tech.qq.com/a/20151211/024135.htm.

［16］佚名.量子计算机：人类技术到此为止了？［EB/OL］.［2016-04-11］.http://news.mydrivers.
　　　com/1/477/477658.htm.

［17］佚名.量子计算机到底有多神奇？［EB/OL］.［2015-12-24］.http://news.xinhuanet.com/
　　　tech/2015/12/24/c_128563553.htm.

［18］黄欢.量子通信：绝对保密！［EB/OL］.［2016-01-06］.http://news.163.com/16/0106/03/
　　　BCK8V1IV00014AED.html.

［19］佚名.国家自然科学一等奖的"量子纠缠"到底是个啥？［EB/OL］.［2016-01-11］.http://
　　　tech.sina.com.cn/d/i/2016-01-11/doc-ifxnkkux1079019.shtml.

［20］吴晶晶，杨维汉.我国成功发射世界首颗量子科学实验卫星"墨子号"［EB/OL］.［2016-08-
　　　16］.http://news.xinhuanet.com/science/2016-08/16/c_135602551.htm.

［21］佘慧敏.墨子号成功发射　揭秘"墨子号"是怎样炼成的［EB/OL］.［2016-08-16］.http://
　　　tech.southcn.com/t/2016-08/16/content_153829830_2.htm.

［22］吴晶晶，杨维汉，徐海涛.中国将力争在2030年前后建成全球量子通信网［EB/OL］.［2016-
　　　08-16］.http://news.sina.com.cn/c/sd/2016-08-16/doc-ifxuxnpy9658879.shtml.

- 熵的故事
- 宇宙热寂是什么？
- 热寂说的起源
- 对热寂说的质疑
- 热寂说终结了吗？

　　人类从很早之前就已开始了对宇宙的探索。宇宙的起源是什么？宇宙中有什么？宇宙正发生着何种变化？今后将会怎样演变下去？自然界中的能量是守恒的，自然界中自然过程的发展是有方向的。宇宙的发展是否也遵从这样的规律？宇宙会毁灭吗？

1

熵的故事

生命之源是阳光和水。能量和热是维持生命的必需品。那么，生命的热力学基础是什么呢？热力学第一定律和热力学第二定律是热学中最基本的两条定律，前者是能量的规律，后者是熵的法则。它们分别揭示了两个重要概念"能"和"熵"，对生物的进化、人类的发展、宇宙的演化有举足轻重的意义。

热力学两大定律

我们都知道自然界中的能量是守恒的，这是热力学第一定律揭示的内容。同时也了解到热量总是自发地从高温物体传到低温物体，而不能自发地从低温物体传到高温物体，正像破碎的杯子不能自动复原一样（图9-1）。那自然界中这种自然过程发展的方向性是否有规律可循呢？这正是热力学第二定律揭示的内容。热力学第一定律表明自然界中的能量守恒，热力学第二定律表明自然界中一切与热相联系的自然现象，它

图9-1 破镜不能重圆

们自发地实现的过程都是不可逆的。物体间存在着温度差才可能得到有用功，在孤立系统中，没有温差的热运动是不能转化为功的。如果温度均衡了，虽然能量的数量没变，但单一热源不能做出有用功来。这就意味着有"可用（做有用功的）能量"被贬值为不可用能量，即意味着能量的退降。

熵

　　克劳修斯给出了热力学第二定律的数学表达式，并提出了概念熵（entropy），即热力学熵。玻耳兹曼从热力学和统计物理学相联系的角度讨论了熵的统计物理形式，给了熵一个微观的定义，提出了熵与微观状态的数目 Ω 的关系即 $S \propto \Omega$，后来普朗克把它写为等式：

$$S = k \ln \Omega$$

式中的 k 是玻耳兹曼常量。由此可知，熵是系统可能拥有的微观态数目的量度，系统微观态数目越多，表明系统内部运动越富多样性，越混乱无序，熵越大；反之，系统微观态数目越少，系统内部运动越单一化，越有序，熵越小；极端情况下，系统只有一个微观运动状态，$\Omega=1$，其熵值为零。熵的统计物理公式表明熵是系统微观粒子无序度大小的度量。信息论产生之后，熵的概念还和信息概念建立了内在联系。1984年，信息论的创始人香农（C.E. Shannon）把熵引入到信息论中，称为信息熵，将信息量与负熵联系起来。信息熵（S）的减少意味着信息量的增加，即信息量相当于负熵。香农虽然提出了信息熵的概念，但他并未指出信息熵与热力学熵之间的关系。这种同一函数、同一名称的出现在物理学家中引起了极大的兴趣。布里渊利用了玻尔兹曼关系建立了信息和能量之间的内在联系，并定量地表示了出来。

　　由此我们发现，熵在宏观和微观方面均具有重要意义。在引入熵之后，描述自然过程方向性的热力学第二定律就可表述为：熵增加原理。按照熵增加原理可知，对于绝热系统，其不可逆过程的熵是增加的，这时必伴随有"可用能"变为"不可用能"现象的发生，即"熵恒增"必伴随"能贬值"（能量退降）。自然界中的不可逆过程多种多样，一切生命过程同样不可逆。由热力学第二定律可知，在一个孤立系统中，这种不可逆过程的出现，会伴随着可供我们维持生命的"可用的能量"越来越多地被贬值为不可用能量，进而导致可用能量的减少。

生命与熵

我们发现"熵"这个词的意义已经超出了物理学的范畴，深入到了生命科学中，与生命息息相关。那生物体中的熵流是怎样的呢？

从生物的呼吸，食品的发酵，再到人们的劳作，都在生热。生命活动是一个耗散过程。在耗散过程中熵不断增加，熵越大系统就越混乱越无序，熵达到极大值，则意味着系统的热平衡（系统内部温度均衡），对生命而言即死亡的来临。物种的进化是一个从低级到高级，简单到复杂的过程，如果定量的描述物种的进化过程就是基因中所含信息量的增长，信息量的增长可视为系统的确定性、有序性的增加。因此，我们发现，生物是进化的，在其成长阶段，系统本身的有序度非但不减少，而且还会随着时间的推移而增加。这是为什么呢？

薛定谔曾说过一句名言："生命赖负熵为生。"通俗地讲就是，生命体要维持生命的关键在于从环境中汲取负熵。生物是一个典型的开放系，它每时每刻都在不断地与周围环境交换物质及能量。处在开放系统中的有机体要想维持自己的生命，就必须与周围环境之间不断地有物质和能量的交流（图9-2），从环境中摄入低熵物质形成负熵流，排出高熵物质。

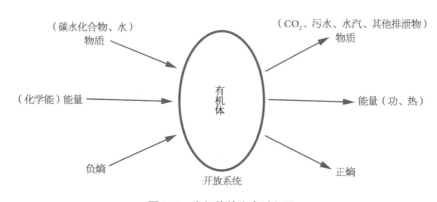

图9-2 有机体的生命过程图

开放系统的熵变分为两部分：① 系统内部的熵产生（恒大于零）；② 系统与外界交换物质及能量所获得的熵流（可正，可负，可为零）。如果生物从外界获得的负熵流大于内部的熵产生，那么生物系统的熵变小于零。生物系统的熵值将会减少，系统有序度将会增加。这样，生物便会从一定的有序结构上升到更高一级的有序结构上去，即生物成长了。如果生物所获得的负熵恰好等于系统内部的熵产生，那么，系统的熵变将等于零。于是，系统便维持在一定的有序结构上不再变化，这就是生物的成熟。

如果生物从外界获得的负熵小于内部的熵产生，那么，生物系统的熵便会随着时间的推移而增加，生物便开始退化、衰老，直至死亡。

一起给"熵"起个名字吧

克劳修斯认为熵和能这两个概念是有某种相似性的。能，从正面量度着运动转化的能力，能越大运动转化的能力越大；熵却从反面，即运动不能转化的一面量度运动转化的能力，表示转化已经完成的程度，亦即运动丧失转化能力的程度。因此，他认为"熵"与"能"在字形上也应当接近才好。于是，他建议，把熵拼为entropy，以便与energy（能）尽可能地相似。这个词的中文译名是我国物理学家胡刚复教授确定的，他于1923年5月25日在南京东南大学为德国物理学家普朗克来我国作《热力学第二定律及熵之观念》讲学作翻译时，译成为"熵"。因为"熵"这个概念太复杂，所以他从热量变化与温度之比出发，在"商"字边上加"火"字旁，译成了"熵"。

热力学第一定律：一个热力学系统的内能增加量等于外界向它传递的热量与外界对它所做的功的和，即 $\Delta U = Q + W$。

热力学第二定律：克劳修斯表述（1850年）：热量不能自发地从低温物体传到高温物体。开尔文表述（1851年）：不可能从单一热源吸收热量，使之完全变成功，而不产生其他影响。

负熵：即熵减少，是熵函数的负向变化量；负熵是物质系统有序化、组织化、复杂化状态的一种量度。

熵增加原理：在孤立系统中，一切不可逆过程必然朝着熵的不断增加的方向进行。

耗散结构：是指处于远离平衡态的复杂系统，在外界能量流或物质流的维持下，通过自组织呈现的一种新型有序的结构。

2 宇宙热寂是什么?

地球上的生命起源于30多亿年前。生命的存在形式多种多样,生命的过程有始有终。宇宙大爆炸假说推测出,宇宙大约是在100亿~200亿年以前,从高温高密的物质与能量的"大爆炸"而形成。随着宇宙的不断膨胀,其中的温度不断降低,物质密度也不断减小,逐渐衍生成众多的星系、星体、行星等,直至出现生命。我们发现宇宙也在不断地向前演化着,如果说宇宙起源于一次大爆炸,随着时空的演变,宇宙的演化会有终点吗? 如果有,那将意味着什么?

热寂说

如果将热力学两大定律推广至宇宙,且把宇宙看作为一个"孤立"的系统,宇宙的熵会随着时间的流逝而增加,由有序走向无序。当宇宙的熵达到最大值时,由于宇宙中的能量转化为有用功的可能性越来越小,宇宙中热量分布的不平衡将逐步消失,最后,整个宇宙就会达到热平衡状态。这个不可逆过程意味着能量已完全耗散,这时,宇宙中的能量总值虽然不变,但已不能再利用了。宇宙中再也没有任何可以维持运动或是生命的能量存在,宇宙中的一切运动都将停止,不再有能量形式的变化,不再有多种多样的生命形式,宇宙在热平衡中达到寂静和死亡。我们将宇宙的这种状态称为热寂(图9-3)。

热寂说的提出,一度使当时的社会陷入了恐慌和悲观的情绪之中,因为它是基于严谨的科学定律而预言的"世界

图9-3　电脑模拟宇宙热寂

末日"。顿时，引起了科学家、哲学家激烈争论和关注，同时文学家们也议论纷纷。人文学者查尔斯·斯诺（C.P. Snow）在他的著名演说《两种文化与科学革命》中曾提到："一位对热力学第二定律一无所知的人文学者和一位对莎士比亚一无所知的自然科学家同样地糟糕。"

宇宙热寂说是一个自然哲学问题，在科学上是无法用观测来验证的。对于这样的世界末日，到底是怎样一番情境，我们不曾经历。因此，只能根据科学推理想象……

 趣闻插播

诗人眼中的热寂

斯温伯恩*

不论是星星还是太阳将不再升起，

到处是一片黑暗，

没有溪流的潺潺声，

没有声音，

没有景色，

既没有冬天的落叶，

也没有春天的嫩芽，

没有白天，

也没有劳动的欢乐，

在那永恒的黑夜里，

只有没有尽头的梦幻。

---

* 斯温伯恩（1837—1909），英国维多利亚时代最后一位重要的诗人，代表作：《配偶》。

3. 热寂说的起源

"热寂说"的思想产生于19世纪50年代初,几乎是伴随着热力学第二定律的产生而产生的,开尔文和克劳修斯都对其进行过相关的思考。那么,到底谁是"热寂说"的提出者呢?

机械能耗散

国内学术界大多数人认为热寂说的提出者为克劳修斯,但考察历史文献不难发现,其实最早提出热寂说的是英国物理学家威廉·汤姆孙(即开尔文男爵)。1852年4月19日,开尔文在《爱丁堡皇家学会议事录》上发表的《论自然界中机械能散逸的普遍趋势》一文指出:"在现今,在物质世界中进行着使机械能散失的普遍趋势……在将要到来的一个有限时期内,除非采取或将采取某些目前世界上已知的并正在遵循的规律所不能接受的措施,否则地球必将开始不适合人类像目前这样居住下去。"从该文可以看出开尔文认为对人有用的机械能会不可逆转地耗散为热能,这必将造成宇宙热量的不断增加,但这种增加最终会导致什么结果,并未提到。

1862年,开尔文发表了《关于太阳热的可能寿命的物理考察》一文,其中明确提出了"热寂说"。他写道:"热力学第二个伟大定律蕴含着自然的某种不可逆作用原理,这个原理表明虽然机械能不可灭,却会有一种普遍的耗散趋向,这种耗散在物质的宇宙中会造成热量逐渐增加和扩散,以及势能的枯竭,如果宇宙有限并服从现有的定律,那么结果将不可避免地出现宇宙静止和死亡状态。"从这段话可以看出开尔文是从机械能转化为热而耗散及热力学第二定律得出宇宙热寂观点的,同时也看到开尔文提出"宇宙热寂说"时是有前提条件的,他做了一个基本假设——宇宙是有限的,在这个有限的系统里,热力学第二定律是正确的,宇宙才会不可避免地出现热寂状态。但是他又认为,把物质广延的宇宙设想一个界限是不可能的。实际上,开尔文对由热力学第二定律的适用范围推广至整个宇宙而得到的热寂说并不赞成。

宇宙基本原理

　　继开尔文之后，克劳修斯于1865年第一次提出了"熵"的概念，并证明了在绝热过程中熵增加，把熵增加原理用于宇宙。出于数学上的考虑，他把宇宙看作一个孤立的绝热系统，在这系统中热的正向变化总是大于负向变化，因此宇宙热量的总和向一个方向变化而趋于最终状态。为了计算，他又假定宇宙的构成是连续的。在上述前提下，通过数学分析和推理，得出两条"宇宙基本原理"：（1）宇宙的能量是常数；（2）宇宙的熵趋于一个极大。

　　克劳修斯于1867年发表了一篇题为《关于机械热理论的第二定律》的论文，明确提出了热寂说的观点。他认为宇宙的状态越来越向一定方向变化，在他看来就是，宇宙中非热形式的能量越来越少，热能越来越多，最终所有的能量都变为热，而热又会从高温物体传到低温物体，直到宇宙中的温差全部消失为止，这时宇宙的熵就会达到极大值。因此，他认为，宇宙越是接近这个熵是极大值的极限状态，进一步变化的能力就越小，如果最后完全达到这个状态，那就任何进一步的变化都不会发生了，这时宇宙就会进入一个死寂的永恒状态。这就是克劳修斯著名的热寂说的来历。

科学家画廊

图9-4　克劳修斯

　　克劳修斯（Clausius，1822—1888）　德国物理学家和数学家，热力学第二定律的建立者。1865年，克劳修斯提出了熵的概念，并进一步提出熵增加原理，发展了热力学理论。在气体动力学方面，他提出分子是绕本身转轴转动的假说。他的主要著作有《机械热理论》《势函数与势》《热理论的第二提议》等。

　　开尔文（Lord Kelvin，1824—1907）　英国物理学家，原名威廉·汤姆孙，后受封开尔文勋爵，热力学的开创者和奠基人之一，被称为热力学之父。开尔文对电学和热学的研究及应用贡献突出，创立了绝对温标，主持铺设了第一条越洋海底电缆，发明了镜式电流计等多种仪器。

图9-5　开尔文

4. 对热寂说的质疑

"热寂说"一经提出，便在国际科学界和哲学界引起了轩然大波。一些科学家对此提出了批评与质疑。在长达100多年的理论纷争中，影响较大的有三种观点："麦克斯韦妖"、波尔兹曼的"涨落说"及"恩格斯的批判"。

麦克斯韦妖

早在1871年，英国物理学家麦克斯韦设想了一个恢复温差，胆敢与热力学第二定律对抗的神通广大的"妖精"（称为麦克斯韦妖，或麦氏妖）。它是一个小巧玲珑的具有非凡的微观分辨能力的纯智能性小精灵，它不做功就能产生和维持一个温差。麦克斯韦妖的提出对热力学第二定律提出了挑战，进而对热寂说提出了质疑。

我们都知道将一箱密封气体，用一个板隔离为两部分，一半温度较高，一半温度较低。如果拿走隔板，冷热气体会自然混合，最后会得到一箱均匀混合的气体，温度介于原来的两个温度之间。

麦克斯韦对上述过程进行逆向思考，提出了一个假想实验物——麦克斯韦妖和一个思想实验（图9-6）。他假设有一箱气体，隔板两边气体温度相同（在这里温度是个平均概念，其中冷热分子同时存在），隔板上有一个小孔的闸门，有一个"小妖"，它能观察到所有分子的轨迹和速度，它能控制隔板小孔的关闭和开启。

图9-6　麦克斯韦妖

如图9-7所示，对从左边箱子来的分子，如果运动速度很快，"小妖"就打开门让它们运动到右边，如果速度较慢，"小妖"就让门处于关闭的状态。反之从右边箱子来的分子，如果速度较慢，"小妖"就打开门让它们运动到左边；如果速度较快，"小妖"就让门关闭。由于气体的温度与气体分子的运动速度正相关，因而容器左边的气体温度降低，右边的高速运动分子表现为气体温度升高。这样，"小妖"在不消耗功的情况下，使隔板两侧的气体一边愈来愈冷，另一边愈来愈热，即"小妖"使系统从平衡态变成非平衡态，形成了温差，一个无能为力的系统自动变成了能够做功的系统，自发

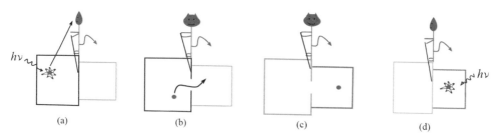

图9-7　麦克斯韦妖实验示意图

地实现了熵减少。麦克斯韦试图说明，只要人们能够控制分子的微观运动，就可以实现熵减少过程，这样就违背了热力学第二定律，那么由它推广而来的宇宙热寂便也遭到质疑。

于是科学家们想尽各种办法来证明麦克斯韦妖的存在，直到1951年，法国科学家布里渊从信息论出发否定了麦克斯韦妖的存在。他认为麦克斯韦妖要在封闭的黑箱中识别高速分子与低速分子，如图9-8所示，首先要照亮气体分子，获得信息，这就需要消耗一定的能量增加环境的熵。若将光源、小妖和系统看作一个大系统，这些额外产生的熵补偿了系统里熵的减少，由此看来，熵增加原理仍然成立。

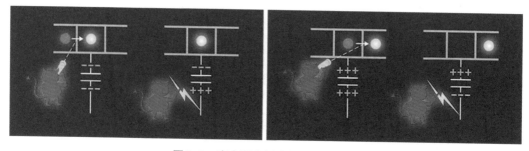

图9-8　麦克斯韦妖验证实验示意图

玻尔兹曼"涨落说"

在"热寂说"提出后的数十年中，玻尔兹曼的科学假说——"涨落说"对其构成了最大的挑战。在1872年，玻尔兹曼在对气体分子运动的研究中，最先赋予熵增加以统计解释。按照这种解释，热平衡态附近伴随着偶然的"涨落"现象，但这种涨落现象不遵从热力学第二定律。因此，玻尔兹曼将气体分子运动论的观点推广到宇宙中，认为整个宇宙可以看成类似在气体状态的分子集团，围绕着整个宇宙的平衡状态则存在着巨大的"涨落"。因为即使在与整个广延的宇宙相比极其渺小的恒星系和银河系中，在短时期内也存在着这种相对的热平衡附近的"涨落"。按照这种假说，宇宙就必

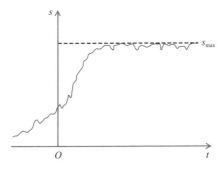

图9-9　玻尔兹曼涨落说

然会由平衡态返回到不平衡态。在这个区域，熵不但没有增加，甚至在减少（图9-9）。

　　玻耳兹曼的"涨落说"曾被广泛流传，许多人都把它作为反对"热寂说"的新发现。但天文学观测表明，至今没有任何有说服力的证据证明现在的宇宙是处在热平衡态，并存在着"涨落"。由于缺乏事实依据，"涨落说"并没有真正从科学上解决宇宙"热寂"的问题。

运动不灭原理

　　康德在《宇宙发展史概论》中提出过这样的疑问："自然界既然能够从混沌变为秩序井然，系统整齐，那么在它由于各种运动衰减而重新陷入混沌之后，难道我们没有理由相信，自然界会从这个新的混沌中……把从前的结合更新一番吗？"

　　对于宇宙热寂是否可能，人们还提出了如下的一些观点来进行质疑：一种认为宇宙是开放的、无限的，而热力学第二定律是从有限世界得来的，因而不能应用到无限的宇宙上；另一种观点则直接否认宇宙是一个"孤立系"。但这些观点也遭到了质疑，一方面是能量转化与守恒定律是在有限范围内得到的，然而我们却毫不犹豫地承认把它外推到无限的宇宙范围内是正确的。那为什么将热力学第二定律推广到全宇宙中去就不合理呢？另一方面是我们承认宇宙中存在着质量守恒定律和能量守恒定律，也就是说宇宙的总质量是个常量，总能量是个常量，那么，宇宙就是一个孤立系统。孤立系统的熵永不减少，这是基于严谨的科学证明而得到的呀！

麦克斯韦（Maxwell，1831—1879） 英国物理学家，经典电磁理论的奠基人。他将电、磁和光统一为一组方程，即麦克斯韦方程组。1873年，他发表了《电磁通论》，被誉为继牛顿《自然哲学的数学原理》之后的一部最重要的物理学经典。麦克斯韦被普遍认为是对物理学最有影响力的物理学家之一。

图9-10 麦克斯韦

玻尔兹曼（Bolzman，1844—1906） 奥地利物理学家，热力学和统计物理学的奠基人之一。他最伟大的功绩是发展了通过原子的性质来解释和预测物质的物理性质的统计力学，并从统计意义的角度对热力学第二定律进行了阐释。1869年，他将麦克斯韦速度分布律推广到保守力场作用下的情况，得到了玻尔兹曼分布律，1877年提出了著名的玻尔兹曼熵公式。

图9-11 玻尔兹曼

5. 热寂说终结了吗？

宇宙最终的命运究竟如何？宇宙热寂是否会到来？其关键是随着宇宙的演化，宇宙是否会达到热平衡状态？这个问题要从宇宙模型说起。一百多年来，许多杰出的科学家都为解决宇宙"热寂"这一世界性疑案呕心沥血，提出了各种宇宙模型和假说，但由于这些假说或模型存在着理论上不可克服的困难和缺乏宇宙观测事实的支持，最终都没有对"热寂说"构成威胁。这种情况一直延续到20世纪六七十年代以后，曾经沉寂的大爆炸宇宙论再度兴起。

宇宙是否存在热平衡？

大爆炸理论直接证明了宇宙在膨胀，而宇宙在膨胀则是热力学和宇宙学相容的关键，那么在一个膨胀的宇宙中是否存在着热平衡态呢？其实，一旦承认宇宙诞生于大爆炸，而之后一直在膨胀，不管它在空间上是否无限（这一点今天在科学上尚无法下结论），"热寂说"就被令人信服地驳倒了。

宇宙间的物质可以分为两大类：一类是粒子性的物质，如原子、中子、质子、介子等；另一类是辐射，即各种光、中微子等。对应有两种温度，辐射温度 T_r 与粒子温度 T_m，按照经典热力学，经过一段时间以后，T_r 与 T_m 必定相同。这是在静态空间中得出的结论。然而，假如上述空间是膨胀的，结论就完全不同了。对两者做一个粗略估算可以发现：粒子系统的温度为 $T_m \propto R^{-2}$，辐射温度为：$T_r \propto R^{-1}$，这说明随着宇宙的膨胀，粒子温度和辐射温度均降低，比较辐射与粒子系统，可以看出，随着宇宙的膨胀，粒子系统的温度比辐射的温度下降得更快。即使在开始时两者温度一致，即 $T_r=T_m$，随着宇宙的膨胀也会出现 $T_r>T_m$，即随着宇宙的膨胀，宇宙从热平衡态走向了非热平衡态。

熵的极大值

根据大爆炸宇宙理论，膨胀的宇宙处于非平衡状态永远达不到热平衡。如果我们

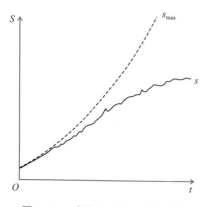

图9-12　膨胀的宇宙中熵的变化

取膨胀宇宙的一瞬时观察，这一瞬时的熵有一个极大值，对于每个静态的封闭体系，熵才有一个固定的极大值S_{max}（见图9-9中的虚线），但对于膨胀着的系统，每一瞬时熵可能达到的极大值S_{max}是与时俱增的（见图9-12中的虚线）。如果膨胀得足够快，系统不但不能每时每刻跟上进程以达到新的平衡，实际上熵值S的增长（见图9-12中的实线）将落后于S_{max}的增长，两者的差距越拉越大。虽然系统的熵不断增加（这是符合热力学第二定律的），但它距离平衡态（热寂状态）却越来越远，而我们的宇宙中发生的正是这种情况。

由于宇宙间的天体或天体系统大多数是自引力系统，而有引力作用的热力学与无引力作用的热力学得出的结论完全不同。只要有自引力体系存在，原则上就不存在稳定的热平衡，在自引力系统中熵是增加的，但由于没有热平衡，因而熵的增加是无止境的，永远都没有极大值。

热寂说的终结

膨胀的宇宙模型在我们面前展现出一幅与"热寂说"完全相反的景象：宇宙早期是基本上处于热平衡的高温高密度的"热粥"，从这个单调的混沌状态开始，一步步发展出越来越复杂的多样化结构。当然，今天的宇宙学尚不能预言宇宙的最终结局，宇宙是一直膨胀下去，还是到达一定程度后转为收缩，尚未可知。因此，由大爆炸宇宙模型得到的宇宙热寂的否定也显得单薄。

对于宇宙热寂是否可能，人们还使用如下的一些论点来进行辩驳：第一种观点认为宇宙是开放的、无限的，而热力学第二定律是从有限世界得来的，因而不能应用到无限的宇宙上。第二种观点则直接否认宇宙是一个"孤立系"，该观点认为虽然孤立系统的熵是增加的，但开放系统在不违背热力学第二定律的条件下，若外界有负熵流入，系统的总熵可以不变甚至减少，无序状态可以变成新的有序状态。我们没有理由如热寂说那样把宇宙视为一个孤立系统来预测宇宙的命运。第三种观点认为热寂说只考虑到物质和能量从集中到分散的过程，并没有注意到相反的变化过程。虽然人类对宇宙的认识还在探索阶段，但随着科技的进步，现代天文观测已发现有不少恒星正在集结形成之中。

参考文献

［1］秦允豪.普通物理学教程.热学［M］.北京：高等教育出版社，2011：299.

［2］赵凯华，罗蔚茵.新概念物理教程.热学［M］.北京：高等教育出版社，2005：274.

［3］W. Thomson. Mathematical and Physical Papers. Cambrige, 1882,（1）：513−514.

［4］Lord Kelvin. Popular Lectures and Address. 1902,（1）：349−350.

［5］阎康年.热力学第二定律和热寂说的起源与发展［J］.物理，1986，15（2）：121−126.

［6］自然科学争鸣，No.1（1975），74.

［7］赵凯华."热寂说"的终结［J］.北京大学学报：哲学社会科学版，1990（4）：119−125.

［8］向义和.熵的概念的建立和热寂说的起源［J］.大学物理，1991（4）：36−39.

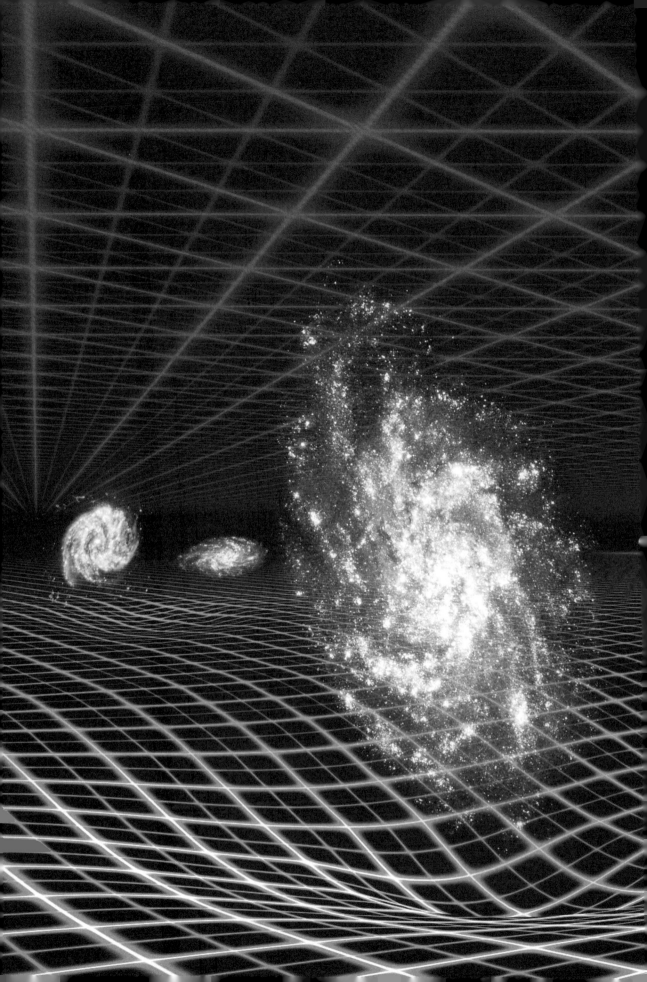

第十章　宇宙的巨砖在哪里？

● 惊人的暗物质
● 宇宙餐桌上的大象——暗能量

　　我们曾经认为自己是如此接近真相，宇宙的整体轮廓已经基本完成，剩下的只需要确定宇宙结构和演化历史。但随着功能更强大的望远镜出现，我们发现，宇宙中所有能够观测到的恒星、行星和星系，加在一起总质量还不到整个宇宙的5%，一些神秘的物质组成了剩余的95%。它们是什么？下面让我们走进宇宙的暗物质与暗能量。

1. 惊人的暗物质

"千万别相信你的眼睛，有些东西不是用眼睛就可以看到的。"天文学家说起暗物质，就像在说一个亲切而又陌生的老朋友，即使这位"老朋友"从未"谋面"。很多人对这位看不见的"老朋友"最直观的认识是来自科幻作品。比如在电影《变形金刚》中，有一辆由暗物质驱动进行星际航行的飞船；在斩获世界科幻文坛最高奖的小说《三体》里，暗物质是太阳系遭受高级外星文明攻击后的隐形残骸；热门美剧《生活大爆炸》里的男主角"谢耳朵"赶时髦地转行研究暗物质……事实上，用"沉默的大多数"来形容暗物质一点都不为过。

暗物质的存在

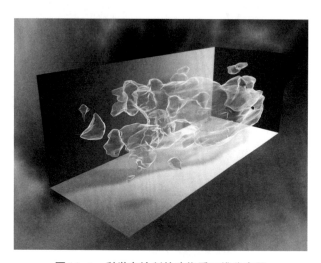

图10–1　科学家绘制的暗物质三维分布图

暗物质是一种比电子和光子还要小的物质，不带有电荷，不与电子发生干扰作用，但是能够穿越电磁波和引力场，是宇宙中非常重要的组成部分。暗物质的密度很小，但是数量庞大，因此暗物质的总质量很大，比宇宙中我们可见物质质量总和的四倍还要多。暗物质不发光，也无法通过电磁波进行观测，但是它能够干扰星体发出的光波或引力，并由此"告诉"我们它的存在。在不同尺度的观测和数值模拟计算中，暗物质显现出如下一些特点：

（1）密度比例：精确宇宙学的测量结果表明，宇宙暗物质的丰度不超过现在测量暗物质的剩余丰度，即应满足 $\Omega_{DM}h^2=0.112\,3\pm0.003$。

（2）寿命：为了构成现在宇宙物质的组分，暗物质的寿命 τ_{DM} 应该足够的长，即长于宇宙年龄 t_0（约136亿年）。所以，一个合理的暗物质模型，应当是在宇宙学时间尺度上稳定的，即暗物质是不衰变或者衰变得非常缓慢。

（3）具有引力作用：在宇宙中，暗物质与其他粒子之间主要是发生引力作用，也有可能存在弱相互作用。因为暗物质的总质量很大，所以它是宇宙中的主要引力源。

（4）不参与电磁作用：科学家严格地限制了暗物质的电磁特性。假如暗物质具有很小的电量和电（磁）偶极矩，那么宇宙的温度功率谱和物质功率谱的形状都将发生改变，从而与观测到的结果不相符。因此，暗物质应该是电中性的。

研究历程

20世纪30年代，瑞士天文学家茨维基在观察后发座星系（Coma）时发现，后发座星系团的质光比 γ（即动力学质量与光度之比），比当时理论预言的星系团质光比要高出数百倍。这一结果说明，对于后发座星系团的总质量来说，只有很少一部分是由发光的重子物质贡献的。由此，茨维基得出了一个惊人的结论：在星系团中应当存在大量的不发光物质。但是由于缺乏更多的独立观测的佐证，在之后的三十多年里，暗物质的概念不时地被人们提起，却又得不到大多数人的认可。

科学家画廊

茨维基（Fritz Zwicky，1898—1974）瑞士天文学家，出生于保加利亚的瓦尔纳。1920年茨维基毕业于瑞士的苏黎世联邦理工学院，1922年在该校获得博士学位。他1925年前往美国加州理工学院，1942年成为天体物理学教授，1933年发现暗物质，1937年提出星系团可用作引力透镜。1938年，茨维基与巴德一起提出把超新星当作标准烛光来估计宇宙尺度的距离。1943—1961年，他成为喷射飞机工程公司的顾问，有50多项专利，被世人称为现代喷气发动机之父。

图10-2　茨维基

图10-3　太阳系

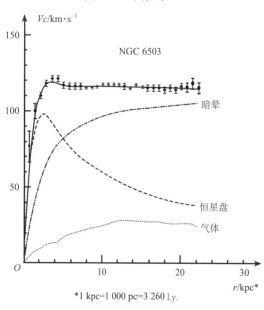

*1 kpc=1 000 pc=3 260 l.y.

图10-4　旋涡星系旋转曲线

20世纪70年代初，以维拉·鲁宾为代表的科学家，应用改进后的观测技术，对大星云中的星体的旋转曲线进行了研究。按照牛顿的万有引力定律，行星的轨道运行速度 $v = \sqrt{\dfrac{GM}{r}}$，也就是说星系外围星体的运行速度，是随着其轨道半径的增加而降低的。以太阳系为例，太阳系中八大行星的轨道半径的大小关系为 $R_水<R_金<R_{地球}<R_火<R_木<R_土<R_{天王}<R_{海王}$，而它们的速度大小关系则恰好相反，$V_水>V_金>V_{地球}>V_火>V_木>V_土>V_{天王}>V_{海王}$（图10-3）。但是维拉·鲁宾的观测结果表明，在相当大的范围内，星系外围的星体的运行速度是恒定的。出现这样的现象可能有两种可能，要么牛顿的万有引力定律是不正确的，要么星系中有大量不发光的物质，并且这些物质主要分布在星系的核心区域，且质量远大于发光星体质量的总和（图10-4）。鲁宾的工作让人们开始确信星系中存在着暗物质，并启发了大量的后续研究。

科学家画廊

维拉·鲁宾（Vera Rubin，1928—2016）美国华盛顿卡内基研究所的天文学家。鲁宾获得了很多奖项，包括被选入美国国家科学院（1981年），被授予国家科学奖（1993年），获得皇家天文学会金奖（1996年），获得皮特·克鲁博基金会（Peter Gruber Foundation）宇宙学奖（Cosmology Prize）（2002年）以及获得太平洋天文学会布鲁斯奖（2003年）。

图10-5　维拉·鲁宾

1987年，麻省理工学院的科学家第一次发现了爱因斯坦环，这是利用引力透镜来观测暗物质取得的一次伟大的胜利。引力透镜的基本结构如图10-6所示，在地球上用一架望远镜观察遥远的类星体，在望远镜和类星体之间，光线遇到了某种干扰物或者巨大的天体（实际上它可以是任何大质量物质）而发生偏转，在这里发光的类星体被称为光源，而干扰物或者巨大的天体便是我们的引力透镜。根据爱因斯坦的相对论，物质决定时空，引力使光线发生弯曲。引力透镜将把光线向大质量的物质吸引，由此扭曲类星体射向地球的光线。因此，进入我们视线的类星体的位置就会发生偏移，类似光学透镜一样形成一个像。有些情况下，因为引力透镜的作用，同一个光源会出现三到四个，甚至更多的像。在很罕见的情况下，透镜物质正好和光源、望远镜在一条直线上，并位于光源和望远镜之间。这时候会出现一个完整的、由像构成的圆环，即为爱因斯坦环。

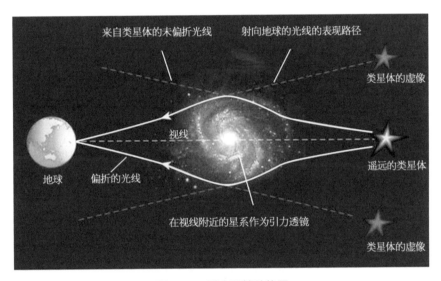

图10-6　引力透镜结构图

1990年，美国国家航空航天局将哈勃望远镜（图10-7）送入了太空，并利用引力透镜的技术来观测了星系团CL0024+1654中的数百个星系，由此重现了该星系团暗物质的分布情况图。如图10-8所示是计算机生成的暗物质分布图像。尖峰代表的是一个个星系，中间部分隆起的暗物质位于星系之间。图片显示星系团的中心部分，包含着质量巨大的物质，它们相当于单个星系的250倍左右。大部分暗物质在大约200光年的尺度内平整地分布着。我们可将星系团想象成一片暗物质山脉，那么突出的星系仅仅是一个个的山峰，而构成山脉的大部分质量却是我们肉眼无法观测到的。这幅非凡的图片向我们强调了这样的一个事实：当我们仰望璀璨夜空，看到星系中闪烁的恒星时，其实我们仅仅看到了星系的冰山一角。

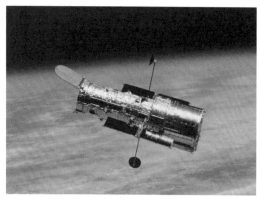

图10-7　哈勃望远镜

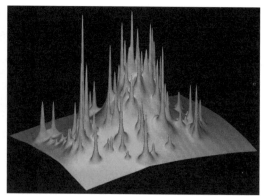

图10-8　星系CL0024+1654质量分布示意图

　　精确的X射线数据也向我们表明，在星系团中存在着大量的暗物质。望远镜可以观察不同波长的光线，以此来拍摄各种星系团的图像。如图10-9所示是后发座星系的图像，也就是茨维基研究的星系团。图10-9（a）是望远镜拍摄到的该星系团发出的可见光图片，图10-9（b）则是它拍摄的X射线照片，照片中阴影的颜色代表的是X射线发射强度（红色代表强度最大）。这两张照片呈现的是不同的范围：后者只显示了星系团最中心的一部分。这些照片是由欧洲宇航局伦琴卫星ROSAT（图10-10）所拍摄。在图10-9（b）中，X射线的发射会产生温度高达1 000万到1亿K的热气体，这些热气体将会让星系团弥漫开。但是我们观测到的图像显示，热气体并没有蒸发、逃离中心区域，所以一定存在着其他大质量的物体，它们能够提供足够的引力，将热气体牢牢地吸引在星系团的周围。暗物质是能够做到这一点的首要候选者。

　　2006年，令世人震惊的子弹星系团被发现了。子弹星系团这个名字会让我们产生一种错觉，好像是一个星系像子弹一样，穿过了另外的一个星系，其实不然，子弹星

（a）

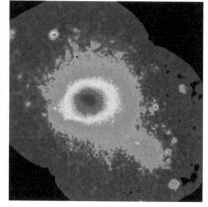

（b）

图10-9　后发座星系团

图 10-10　伦琴卫星

系团实际上是由两个星系相互碰撞而形成的，两个星系的碰撞融合可能会持续长达1亿年的时间，图10-11显示的则是这两个星系相撞不久后的情形。在图10-11中，红色的部分显示的是气态物质发射的X射线，蓝色的部分显示的是子弹星系的大部分质量的位置（图片中的颜色是人为添加的，用来帮助我们区分星系团中不同的构成物质）。科学家对子弹星系进行了两种截然不同的观测：美国国家航空航天局的钱德拉X射线天文台观测了它的X射线发射情况，而引力透镜的研究确定了其质量的分布情况。子弹星系的出现，有力地驳斥了科学家提出的，用来替代暗物质的另一种模型——修正牛顿引力定律。而对子弹星系运用暗物质来进行解释，则会看起来非常简单且自然：气体经过很多碰撞而减速，被困在中心区域；暗物质的相互作用非常弱，因此它直接穿

图 10-11　子弹星系

过了中心继续前进,从而和普通的发光物质分离开来。

时至今日,暗物质的存在已被绝大多数的物理学家所接受。现在的问题是:暗物质的本质到底是什么?如何才能捕捉到宇宙中的暗物质?

工具箱

动力学质量:运用动力学方法所求得的天体质量。

光度:从恒星表面以光的形式辐射出的功率。

旋转曲线:距离星系中心各点的旋转速度。

类星体:宇宙中早期星系的星核,由星系中的超大质量黑洞驱动。与普通星系相比,类星体直径小,但亮度大。

候选者

从不带电、稳定、没有强的相互作用的要求出发,科学家对暗物质提出的第一个候选者是中微子(neutrino),如图10-12所示。因为在粒子物理标准模型中,只有中微子满足以上所有要求,如果中微子有质量,那它就可能是暗物质。但是各种宇宙学数据表明,尽管中微子具有质量,但是各种中微子的质量之和才不到1 eV,这远远达不到要解决暗物质问题的100 eV。中微子太轻了,其总质量仅占到宇宙组分的0.5%,所以中微子不可能是暗物质的主要组分。

落选的中微子告诉我们,暗物质的候选者,不可能从粒子物理标准模型中找到,所以我们必须对粒子物理标准模型进行修改和扩充。下面就来介绍一些新物理模型中广受关注的暗物质候选者。

图10-12 发现来自超新星1987A的中微子

　　轴子（axion）：轴子是粒子物理学家为解决量子色动力学中的强CP破坏问题而引入的。理论上轴子质量很小，目前它的质量范围被限制在$10^{-6} \sim 10^{-3}$ eV之间。轴子的产生机制有很多不同的模型，其中低速、低压的轴子被视为冷暗物质的候选者。

　　KK粒子：在超出标准模型的新物理模型中，额外维（extra dimensions）模型也提供了一个暗物质候选者。爱因斯坦假设宇宙是3（空间）+1（时间）维组成的"四维时空"。1926年，西奥多·卡鲁扎为了将电磁力和引力统一到一个方程中来，在爱因斯坦的四维空间之上，再添加了一维空间。后来，这样添加的维度就被称为额外维。大多数的额外维模型，假设的额外维都是平坦的。标准模型粒子都能够在所有的维度传播，但是这些粒子在额外维中传播时可能带有动量，从而在四维膜上表现成新的重粒子，即Kaluza-Klein（KK）激发态，这样的粒子就被称为额外维空间粒子，或KK粒子。KK粒子是额外维模型所预言的，其中最轻的粒子是稳定的并且能够成为暗物质候选者。

　　弱相互作用重粒子（WIMPs）：弱相互作用重粒子之所以能够成为暗物质的最佳候选者，是由于它的一个被称为"弱相互作用重粒子奇迹"的特点。理论上当暗物质粒子相互作用的速度，与宇宙膨胀的速度接近时，其粒子的数目就不会再发生变化，这样暗物质的密度恰好就与观测时是同一个数量级，这种巧合被科学家称为WIMP奇迹。

 **工具箱**

　　退耦温度：气体要达到热平衡，须有足够的碰撞。当温度降至某一值后，从此时至无穷远的将来，每一粒子只有一次碰撞的机会，此温度即退耦温度。退耦后，该组分实际上再无碰撞。

　　强CP破坏：CP是粒子物理学中两个对称运算的乘积：C是反粒子共轭运算，这个运算将一个粒子转化为其反粒子；P是宇称，这个运算造成一个物理系统的镜像。量子色动力学中CP不被破坏是粒子物理学中的一个谜，这个问题被称为强CP问题。

　　引力子：又称重力子，在物理学中是一个传递引力的假想粒子（目前仍未知是否真正存在）。

　　超引力：是一类将广义相对论进行超对称化的理论模型。

探测实验

当前的暗物质实验探测，主要是针对弱相互作用重粒子而进行的。基于弱相互作用重粒子，和已知的标准模型粒子的关联，有三种方法可以进行暗物质的探测：加速器实验法、直接探测法和间接探测法。这三种方法用最简单的语言来描述就是：制造、捕捉，以及观察它们的自我湮灭。

加速器实验法：这种方法的原理简单来说，就是加速标准模型粒子，然后使之碰撞从而产生新粒子来寻找暗物质，这是揭开暗物质之谜的最具有说服力的方法。如图10-13所示，位于瑞士日内瓦附近阿尔卑斯山下的大型强子对撞机，就是这种方法的一个非常具有代表性的实验。在这里两束反向绕行的质子束，将在周长接近27 km的地下管道中旋转加速，并在达到前所未有的能量之后发生碰撞。

图10-13　大型强子对撞机

大型强子对撞机还可以帮助我们寻找超对称性。质子和质子之间发生的猛烈对撞会产生各式各样的粒子，且由于碰撞能量远远超过以前的任何加速器，因此我们有可能制造出以前从未见到过的质量更大的新型粒子。通过仔细检查每次碰撞后的残余，我们也许能够找到超对称理论所预言的粒子。如果幸运的话，我们甚至能够直接找到暗物质粒子。任意一种超对称粒子的发现都将证实超对称性的存在。一旦我们确认了超对称性理论的正确性，就表明弱相互作用重粒子也很可能是存在的。

直接探测法：理论上银河系中应当充满了暗物质粒子，并且它们在不断穿过地球，因此我们可以在地球上，用一个探测器来试着捕捉到这些暗物质的信号。

直接探测法的基本原理，如图10-14所示，主要是测量暗物质粒子，与探测器的靶物质发生碰撞产生的反冲核的能量、数量、反冲方向等信息。为了屏蔽来自宇宙的背景信号，实验时通常选择把探测器放在很深的地下。

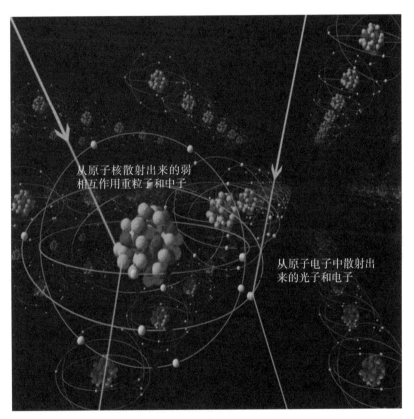

图10-14　直接探测原理图

暗物质的直接探测实验从20世纪80年代就已经开始了。之后，随着技术的不断革新，暗物质的直接探测实验也得到了很大的发展。20世纪90年代，本底甄别技术开始应用到暗物质的直接探测实验中来，从此暗物质的直接探测实验进入了一个高速发展的时代。目前，全世界有超过20个正在进行或者计划进行的暗物质直接探测实验，但是除了DAMA实验正面探测到了暗物质粒子信号以外（但这个结果争议很大），其他所有实验均未得到结果。下表列举了一些正在进行的具有代表性的直接探测实验。

表10-1 暗物质直接探测实验

实验名称	探测信号	靶材质量
低温固体		
CDEX-0	电离	20 g Ge
CDEX-1	电离	O（1 kg）Ge
CDEX-10	电离	O（10 kg）Ge
SuperCDMS	电离+声子	9 kg Ge
CoGeNT	电离	443 g Ge
CRESSTII	闪烁光+声子	10 kg CaWO$_4$
TEXONO	电离	1 kg Ge
液 氙		
LUX	闪烁光+电离	350 kg LXe
PandaX-1a	闪烁光+电离	125 kg LXe
XENON100	闪烁光+电离	161 kg LXe
XMASS	闪烁光	835 kg LXe
液 氩		
DarkSide-50	闪烁光+电离	50 kg LAr
DEAP-3600	闪烁光	3 600 kg LAr
闪烁晶体		
DAMA/LIBRA	闪烁光	250 kg NaI（T1）
KIMS	闪烁光	104.4 kg CsI（T1）
过热液体		
PICASSO	气泡	2.7 kg C$_4$F$_{10}$
COUPP	气泡	4 kg CF$_3$I

　　间接探测法：这是通过测量暗物质和反暗物质湮灭（图10-15）或者暗物质衰变产生的次级粒子，如高能的γ射线、高能正电子、反质子等，来间接确定暗物质存在的一种方法。高能宇宙射线具有很强的穿透性，能够穿过地球的大气层到达地面，进而被相关的仪器探测到。宇宙射线粒子，一方面可能来自超新星的遗迹。另一方面也可能来自暗物质粒子，湮灭或者微衰变产生的标准模型带电粒子，这些带电粒子将贡献到相应能谱中去，使总能谱的形状随之发生改变，进而出现新的结构特点。随着实验探测手段的发展，目前已经有了不少暗物质间接探测实验观测到了宇宙射线的反常。

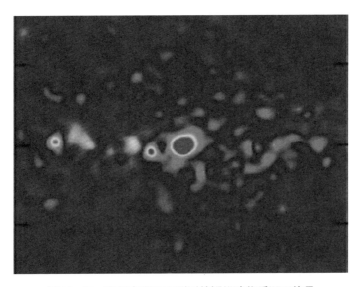

图10-15　普朗克卫星观测到的疑似暗物质湮灭信号

 工具箱

　　超对称性：超对称是费米子和玻色子之间的一种对称性，该对称性至今在自然界中尚未被观测到。

　　本底：我们把空间辐射环境诱发、仪器抑制不掉、后期数据分析无法剔除的探测器事例称为本底。

　　γ射线：又称γ粒子流，是原子核能级跃迁蜕变时释放出的射线，是波长短于0.01 Å（1 Å=0.1 nm）的电磁波。

正电子：又称阳电子、反电子、正子，它是基本粒子的一种，带正电荷，质量和电子相等，是电子的反粒子。

反质子：质子的反粒子，其质量及自旋与质子相同，且寿命也与质子相当，但电荷及磁矩则与质子相反，带有与电子相同的负电荷。反质子与质子相遇时会湮灭，转化为能量。

2. 宇宙餐桌上的大象
——暗能量

暗物质的存在已然让人惊奇，但暗能量的发现更加令人匪夷所思。对宇宙深处爆发恒星的观测结果，完全颠覆了宇宙在我们心中的原有认知，这促使我们开始试着重新检讨自己对空间、时间、物质和能量的认识。究竟是怎样奇异的能量在使宇宙加速？暗能量这个凭空出现的时空加速器又是什么？这些颠覆了我们认知的事物，又将揭示什么样的基础层面的自然法则？暗能量的存在是如此突兀，一刹那就掩盖了其他所有的枝节问题。就像在一张饭桌上突然出现了一头大象，餐具搭配是否具有艺术性就没有人会注意。当我们惊讶地看着宇宙中闯入的这头大象时，脑海里只留下两个问题——它究竟从哪里来？又是怎样进来的？

暗能量的存在

在物理宇宙学中，暗能量是一种充溢空间的、增加宇宙膨胀速度的、难以察觉的能量形式。简单来说暗能量就是一种未知的、引起宇宙加速膨胀的机制（图10-16）。于是关于暗能量问题的解释严格地说就是对宇宙加速膨胀问题的解释。暗能量除了具有加速宇宙膨胀的"反引力"特征外，其本质是什么，物理学家们仍然一无所知。

暗能量这个名字似乎很容易引起人们的误解。第一次看见这个名字时，相信绝大多数人都会认为，既然能量与物质是等价的，那么暗能量和暗物质应当也是一

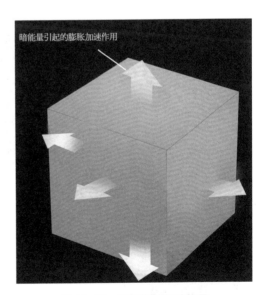

图10-16 暗能量的加速作用

回事儿。这样想的话就被惯性思维带入了错误的深沟。暗能量和暗物质虽然都不发光（这也是它们被称为"暗"的由来），但是暗物质产生的引力是正常的引力，而暗能量却是产生排斥力的宇宙能量组分。所以，暗能量和暗物质根本就不是一回事儿。当前，

我们对暗能量和暗物质的本质的认识都还不清楚，揭开它们的物理本质，是当代物理学所面临的最大挑战之一。

研究历程

    暗理论的提出，最早可以追溯到爱因斯坦的宇宙常数。20世纪20年代的物理学家，提出了两条宇宙学原则——同质性和无向性。同质性是指宇宙是均匀的（在任意一点上看都是相同的），无向性则是指宇宙是各向同性的（从任何方向上看都是一样的）。之后爱因斯坦在这两条原则的基础上，试着加入了另外一种对称——宇宙是静止不变的。爱因斯坦非常喜欢这个观点，因为对称具有优雅、简单和美丽的特性。为了使这种时间对称性得到数学上的一致，爱因斯坦将宇宙常数这个项引入了他的广义相对论公式。

    1929年，埃德温·哈勃在加利福尼亚州帕萨迪纳市威尔逊山天文台，观察了一类被称为造父变星（Cepheids，图10-17）的特殊恒星。每种原子能够产生自己特有的原子线（特定波长的光），但是哈勃发现这些造父星系时观察到，它们发出的光的波长发生了红移（波长变长，向着光谱的红端靠近），这种现象表明宇宙是在膨胀的（图

图10-17　造父变星

10–18）。哈勃的测量结果其实并不精确，他所估计的宇宙膨胀率比实际值快了几乎7倍。爱因斯坦因此放弃了宇宙常数，并称其为自己一生"最大的错误"。后面因为需要，宇宙常数曾几次被请回来，又因为各种原因被废弃，直到暗能量的出现，它才以一种王者之姿彻底回归。

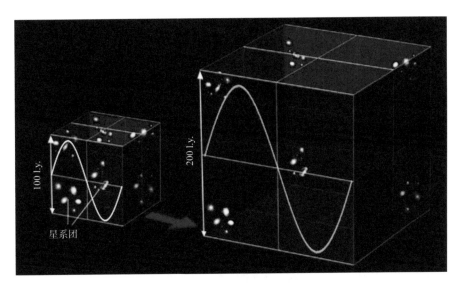

图 10–18　宇宙膨胀把光波拉长

　　为了进一步研究宇宙膨胀的历史，宇宙学家采用了标准烛光。目前，宇宙学家最喜欢的标准烛光是IA型超新星。这种星体是走向生命终点的恒星，所发生的明亮的爆炸能够在短短几周的时间里，释放出相当于太阳一生的时间里所释放的能量，亮度也达到了100亿个太阳的亮度，因此它能够在宇宙中充当标准烛光。1998年，高红移超新星搜索团队和超新星宇宙学项目两个团队，研究了几十个IA型超新星，发现它们的亮度比理论计算的要暗20%，这说明它们离我们的距离比预期的更遥远，看来宇宙不仅在膨胀，而且它的膨胀是在加速的。如果宇宙中仅有万有引力，那么宇宙的膨胀应当是减速并最终向内收缩。宇宙的加速膨胀意味着暗能量的存在，因为它可以在大尺度上产生排斥的"引力"。

趣闻插播

　　标准烛光：是指在任意时间和地点发光亮度都相同的星体。它能够帮助我们在宇宙学尺度测量距离,方法是将某个天体的已知亮度(绝对光度)与到达望远镜的光的数量(视光度)进行比较。天体离我们越远,看起来就越昏暗。视光度与离光源距离的平方成反比。因此,通过比较绝对光度与视光度,就可以确定天体间的距离。打个比方,在一个大礼堂的最前面站着一个演讲者,他手里拿着一个发光的灯泡。在后排观众看来灯光会昏暗很多,这是因为光线要走更长的距离,在这个过程中光线会扩散。我们知道灯泡的实际亮度以及后排观众眼中的灯泡亮度,便能够计算出灯泡到后排观众的距离了。

宇宙的结构是怎样的?科学家提出了三种假设——球形几何结构、双曲面几何结构以及平坦的几何结构。三种模型对应着三种不同的宇宙演化可能,到底哪一种才是正确的呢?美国宇航局的威尔金森微波各向异性探测器(WMAP,图10—19)和欧洲空间局的普朗克卫星(PLANCK,图10—20)对宇宙微波辐射背景的观测表明,宇宙的结构应当是平坦的。但是要维持一个平坦的宇宙,光靠可见物质和暗物质还远远不够,因此宇宙中必然还存在着数量庞大的未知组分——暗能量。

就像暗物质一样,我们已经确信暗能量的存在,但是相比暗物质,暗能量更加难以捉摸,因为暗能量是均匀地分布在整个宇宙中的,所以我们不知道怎么去制造甚至是捕捉到一个暗能量粒子。因此对于暗能量本质的认识,理论物理学家需要充分发挥他们的想象力。

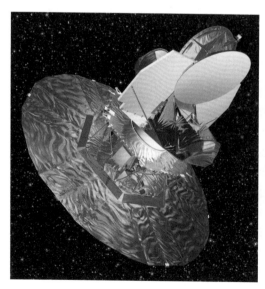

图10—19 WMAP

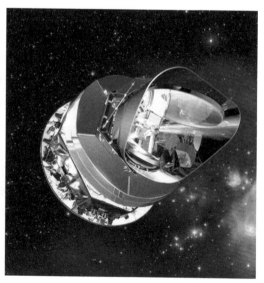

图10—20 PLANCK

候选者

暗能量究竟是什么？这是一个相当开放的问题。从暗能量具有负压力这个特点出发，理论物理学家对暗能量提出了几个可能的候选者，但是迄今为止，还没有一个设想比较接近真相，所以对于暗能量的探索，我们还有很长的一段路要走。下面我们就一起先来看看，理论物理学家提出的暗能量的候选者。

宇宙常数：是在前文就已经提到过的暗能量的一个可能候选者。20世纪20年代，天文学家普遍认为，宇宙是静止的。即便广义相对论的计算预示着事实可能并非如此，爱因斯坦也没有放弃这一想法。为了维持宇宙的恒定不变，爱因斯坦在他的广义相对论的公式中引入了一个常数，用以抵消引力的作用，这个常数也就是我们后来知道的宇宙常数，用希腊字母 Λ 表示。具有这一特征的宇宙组分，其能量密度和压力都不随宇宙的膨胀或者收缩而改变，且将在宇宙演化的过程中保持恒定。宇宙常数作为暗能量一个可能的候选者，仍然存在着许多的问题，比如说理论上的 Λ 值，与实际测量的 Λ 之间存在着 10^{120} 倍的差异（这被称为宇宙常数问题）。但是不管怎样，宇宙常数的存在，将有助于我们理解宇宙及其运行法则。

精质：这是理论物理学家提出的一种动态的暗能量，这种假设中暗能量的密度将会发生改变，且其密度一般随宇宙的膨胀而减小。如果暗能量是宇宙常数，那么宇宙将会一直膨胀下去，所有的星系将会越来越远，宇宙将变得越来越荒凉。但是如果暗能量是某种精质，那么一切将变得可能。

最简单的精质模型，是引入一种新的能量场，并假设它在宇宙空间中是出处弥散，且不处于能量的最低状态，但是这种能量场会向能量基态靠近。为了理解这一模型，我们不妨来看一个处于光滑斜面的小球（图10-21）。当它从斜面其中一个位置开始下

图10-21　精质场辅助理解模型

落，到达最低点后，会顺势冲上对面的斜面；再次达到最高点后，小球又会下落至最低点，并紧接着冲上原来的斜面。小球在一次次下落的过程中，动能会转化成势能，而上升过程中能量转换则是相反的。精质场的发展过程与此类似，宇宙加速膨胀，精质场势能下降，当达到最低时，精质场势能可能会转化成一种新的物质粒子，宇宙开始减速膨胀。

修改引力理论：修改引力模型主要是想要弱化引力在宇宙晚期和大尺度空间上的影响。要想完成这样的假设，我们首先要处理好这样两个问题：宇宙早期的演化过程（图10-22）和已有的关于太阳引力的观测。当然这些理论的发展与完善都不容易，但是我们一直在这条路上奋力前进。

图10-22 宇宙的演化

探测实验

虽然从暗能量被提出的一刻起，就有天文学家试着在四维空间里找到暗能量的痕迹。但是相比于暗物质，暗能量既不能在加速器中制造，也不能用探测器来直接捕捉。而且因为暗能量是弥散在整个宇宙，几乎不能形成团簇，所以引力透镜对它也无可奈何。目前，我们对暗能量所有的了解都只能来源于对天体结构和时空演化的研究。

天文学家在研究暗能量的过程中，主要采用了四种方式来探索暗能量：超新星的搜索、星系分布图（这些图案被称为重子声学振动）、星系团统计以及弱引力透镜（以暗物质为透镜，可以研究膨胀历史和结构生长）。在各种暗能量的大型实验中，大多是整合了至少三种上面的方法。例如位于南极的BOOMERanG气球实验、2度视场星系红移巡天计划、射电探测的天籁计划等。这些实验都是我们认识暗能量的过程中重要的阶梯。

我们对于暗物质、暗能量的研究仍处于初级阶段。一方面来看，这的确挺令人泄气的；但另一方面，正是因为它们处于科学的最前端，才会令人如此的兴奋。因此，去仰望这片星空，追寻宇宙运转的真理吧！

参考文献

［1］理查德·潘内克.4%的宇宙：暗物质、暗能量与发现隐蔽世界的比赛［M］.上海：上海教育出版社，2015.

［2］艾弗琳·盖茨.爱因斯坦的望远镜［M］.北京：中国人民大学出版社，2011.

［3］凯瑟琳·弗里兹.宇宙鸡尾酒［M］.北京：人民邮电出版社，2015.

［4］高昕，康召峰，李田军.暗物质模型简介［J］.中国科学：物理学 力学 天文学41卷，2011（12）：1396-1041.

［5］卢瑜，孟晓磊，张同杰.暗宇宙之暗物质研究进展［J］.北京师范大学学报50卷，2014（2）：142-153.

［6］毕效军.寻找宇宙中的暗物质［J］.科技导报24卷，2006（9）：8-12.

［7］毕效军，秦波.暗物质及暗物质粒子探测［J］.物理40卷，2011（1）：13-17.

［8］刘佳，殷鹏飞，朱守华.暗物质的理论研究进展［J］.物理38卷，2009（12）：865-873.

［9］周宇峰.暗物质属性与探测研究进展［J］.中国科学：物理学 力学 天文学45卷，2015（4）：1-21.

［10］陈学雷，黄蜂.暗物质研究的进展兼谈科学中的整体统一方法［J］.自然杂志30卷，2007（5）：267-275.

第十一章 存在镜像王国吗?

- 宇宙中存在反物质吗?
- 寻觅反物质
- 宇宙失衡之谜
- 反物质飞船与武器

你是否想过在宇宙的另一端存在着一个和我们相反的世界?那里有反电子、反食物、反房子、反太阳、反恒星甚至还有反自己。科学家推测,在距离我们3 000万光年以外的地方存在着由一切反物质构成的世界,他们称它为反物质世界。在这个神奇的世界中,反物质到底是什么?是否存在一个镜像的反物质世界呢?

宇宙中存在反物质吗?

古人云:"宇负亿万沉星而不以累,宙迎万古来客而不以烦。"这句赋予哲理解释的诗词背后也告诉我们宇宙是物质的世界。点点的繁星,湛蓝的天空,辽阔的大海,广袤的田野……构成了和谐的宇宙万物。它们虽各不相同,却都有一个共同的名字"物质"。从粒子物理的角度分析,物质是由原子、分子等微观粒子组成,而原子又是由质子和中子组成的原子核和核外电子构成。

反物质

什么是反物质呢?就像质子、中子、核外电子结合起来形成原子一样,反质子、反中子和反电子结合起来形成反原子,由反原子构成的物质就是反物质。所有的粒子,都有与其质量、寿命、自旋、同位旋相同,但电荷、重子数、轻子数、奇异数等量子数异号的粒子存在,我们把该粒子称为"反粒子"。反物质是一种假想的物质形式,在粒子物理学里,反物质是反粒子概念的延伸,反物质是由反粒子构成。

除某些中性玻色子(如光子,其反粒子就是它自己)外,粒子与反粒子是两种不同的粒子。比如,电子质量与反电子质量相同,电子带一个单位的负电荷,而反电子带一个单位的正电荷(图11-1);质子p的反粒子是反质子(图11-2);中子n的反粒

图11-1 电子与反电子

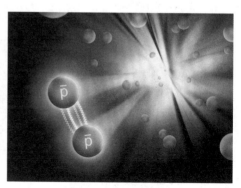

图11-2 反质子

子是反中子。当然，并不是粒子物理学中的每种粒子都有这种意义上的反粒子，中微子就没有反粒子，反中微子的定义与此不同。

反物质世界

在反物质世界（图11-3）中，试想一下，反物质世界就像是现实世界的镜像，一切都与现实世界相反。真有这样一个神奇的反物质世界存在吗？如果真的存在，它们会在哪里？

1997年4月，美国天文学家宣布他们利用γ射线探测卫星发现，在银河系上方约3500光年处有一个不断喷射反物质的反物质源，它喷射出的反物质形成了一个高达2940光年的"反物质喷泉"。不过，尽管在一些孤立的时间和区域观测到了一些反物质，但迄今为止还没有飞行仪器发现过宇宙中存在大量反物质的证据。即使空间探测器遇到了它们，也无法直接观测出来，因为今天的天文观测大多数是接收天体发射的光子。光子是中性粒子，其反粒子就是它本身。如果反物质的反天体也辐射光子，天文学家通过接收光子，无法辨别他们是来自物质还是反物质。

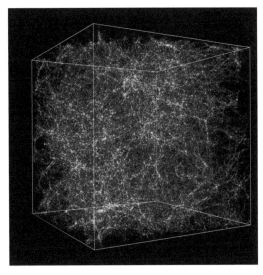

图11-3 看不见的反物质世界

那么宇宙中到底有没有反物质世界呢？

反物质世界与物质世界的关系：没有观测到反物质就没有反物质世界存在吗？不一定。有人用莫比乌斯带形容了物质世界与反物质世界。

我们都知道一张纸有正反两面，将一张纸的正面放一只蚂蚁，在既不允许它从纸的边缘翻过去，也不许它钻过去的条件下，它是否能从纸的正面轻

图11-4　莫比乌斯带

松自如地爬到纸的反面去，并且能到达纸面的任何一个点上？

　　德国数学家莫比乌斯想到将纸带一端扭转180°与另一端粘在一起。此时，蚂蚁就可以自如地从正面爬到反面，从反面爬到正面。

　　这个例子好比我们没有观测到的反物质世界，或许我们只要"把纸条旋转180°粘在一起"，就能观测到神奇的反物质世界了。

2. 寻觅反物质

自19世纪末以来，人类在寻找反物质道路上一直兢兢业业地探索着，并成功地发现了一系列反粒子。

反物质现身

1928年，狄拉克提出了相对论性电子运动方程，这就是著名的狄拉克方程（Dirac equation）。在狄拉克方程中，他发现电子的能量可以为正，也可以为负。就像方程 $x^2=9$ 有两个解 $x=3$ 和 $x=-3$ 一样。狄拉克从电子的运动方程中也得出两个解：正能量电子和负能量电子。在经典物理学中，负值往往被舍去，但狄拉克认为一个好的理论应该具有"美"，一种对称而自洽、和谐而统一的美。因此，负值能量的电子应该存在，负值对应电子的一个运动状态是有意义的。于是，狄拉克大胆预言：那种可以具有负能量的电子，它应具有与电子相同的质量和相反的电荷——并取名"反电子"。

狄拉克方程

$$ih\gamma^\mu \partial_\mu \psi - mc\psi = 0$$

科学家画廊

保罗·狄拉克（Paul Dirac，1902—1984） 一位腼腆的天才英国物理学家。一家伦敦报纸曾这样评价这位诺贝尔奖得主："像羚羊一样害羞，如女王仆人一样谦逊。"

狄拉克的理论优美、简洁、深刻，他的经典著作《量子力学原理》是量

图11-5　狄拉克

子物理的权威性经典名著，对后世产生极为深远的影响，甚至有人称之为"量子力学的圣经"。1933年，狄拉克因创立有效的、新形式的原子理论而获得诺贝尔物理学奖。

杨振宁曾提到狄拉克的文章给人"秋水文章不尘染"的感受，没有任何废话，直指本质，直到宇宙的奥秘。或许，这正是一位"像羚羊一样害羞"的物理学家最迷人的魅力所在。

图11-6　云室里的电子和反电子

其实早在狄拉克提出反粒子概念之前，反粒子就已经在实验室里留下了踪迹。1912年，英国物理学家威尔逊发明了一种室内探测带电粒子轨迹的工具——"云室"。所谓"云室"就是一种充满蒸汽的容器，当云室中的带电粒子从室内飞过，在这些粒子周围会凝聚着一些细小的液珠，因此在粒子经过的路径上会出现一条白色的雾，就是粒子运动的径迹。云室内施加磁场后，带电粒子会发生偏转，产生弯曲的径迹。一些科学家注意到，如图11-6所示，磁场中有一半电子向一个方向偏转，另一半向相反方向偏转。然而长期以来，人们一直认为电子只有一种，他们从未想到那些反常的径迹是反粒子造成的。

发现历程

1930年，美国物理学家安德森开始通过拍摄宇宙射线穿过云室的轨迹来研究宇宙射线。在实验中，他发现一种带正电的粒子行为很像电子，与那些带负电、飞奔的电子一样频繁出现。这些带正电的粒子显然不是质子（质子是当时所知的唯一带正电的粒子），因为它们在云室中不能充分电离。最后，经过反复研究与收集证据，他认为这种粒子和普通的带负电的自由电子相比，他们带有等量的正电荷并且质量相同。1932年，安德森宣布了它的存在并命名为"正电子"，"反电子"的名字就慢慢被人们遗忘。

就这样，人类发现了第一种反粒子。

1911年至1913年期间，奥地利物理学家赫斯（Hess，1883—1964）在航空俱乐部的协助下，多次搭乘热气球进行实验（图11-7）。赫斯每次将粒子探测器带在身边测试空中的辐射量，经过多次实验他发现：无论白天还是黑夜，相同高度的测量结果相同，这说明辐射与太阳无关。随着海拔高度的增加，辐射强度也在增加。于是，他得出结论：辐射来自深太空。后来，密立根（Millikan，1868—1953）将这种辐射起了一个更好的名字——"宇宙射线"（Cosmic rays），今天也简称为"宇宙线"。它很快成为物理学家研究的焦点。为了寻找反物质，天文学家将目标放在每时每刻轰击地球大气层的宇宙射线上。果然，1936年，科学家在宇宙射线中看到了正电子的身影。

图11-7 赫斯在热气球上进行实验

正电子的发现证实了狄拉克关于"反电子"的猜想。在接受诺贝尔奖的演讲中他说道："不管怎样，我认为还可能存在反质子。不仅如此，任何基本粒子都应有其对应的反粒子存在。"

随着科学家们的不断探索，1954年，在加利福尼亚大学的劳伦斯辐射实验室，建成了64亿eV的质子同步稳相加速器，这为寻找反粒子提供了条件。1955年，张伯伦和塞格雷用上述加速器证实了反质子的存在。不久后，他们又发现了反中子。

1995年欧洲核子研究中心（简称为CERN）的科学家在实验室中制造出了世界上第一批反物质——反氢原子（图11-8）。反氢原子的原子核内有一个带有负电的质子，核外有一个带正电的电子。科学家利用反质子加速器，将速度极高的反质子流射向氙原子核，碰撞后会产生正电子。刚诞生的一个正电子如恰好与反质子流中的另外一个反质子结合就会形成一个反氢原子。但反氢原子只要与周围环境中的正氢原子相遇就会湮灭消失，反氢原子只存在了三亿分之四秒，因此实验室中造出来的反氢原子稍纵即逝，科学家们根

图11-8 反氢原子

本无从研究它的真面目。

2010年11月17日,欧洲核子研究中心的科学家们通过大型强子对撞机已经俘获了少量的反氢原子。这次实验成果的突破就在于,通过人工制造的38个反氢原子存在了大约0.17 s。

反氢原子的成功制取,使人类对反物质的认识更进一步。2011年5月初,由多位中国科学家参加的美国布鲁克海文国家实验室RHIC-STAR国际合作组探测到氦核的反物质粒子——反氦核(图11-9)。这种新型粒子又名"反阿尔法粒子",是迄今为止所能探测到的最重的反物质原子核。

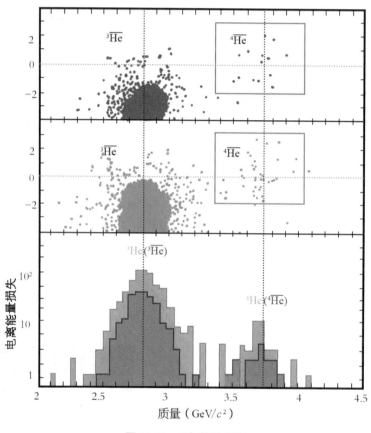

图11-9 反氦核的制取

如果我们与反物质世界相聚并不遥远,那里生成的反质子和反氢原子核就会以宇宙射线形式来往于星系之间,其中极微量的反粒子也许会来到地球。反氢原子核在物质世界的粒子碰撞等过程中不能生成,如果从宇宙射线中发现反氢原子核,就可以说拿到了反物质世界存在的证据。然而科学家在对宇宙射线观测过程中,发现了大量氦原子核,反氦原子核却一个未见。

科学家画廊

图11-10　安德森

卡尔·大卫·安德森（Carl David Anderson，1905—1991）　瑞典裔美国物理学家，正电子的发现者，1936年诺贝尔物理学奖得主。

安德森是瑞典移民的儿子，1905年9月3日出生于纽约市。他曾就读于加州理工学院，1930年获得哲学博士学位，他的整个学术生涯，都是在这里度过的。1930年，他在罗伯特·安德鲁·密立根教授的指导下开始研究宇宙射线，并于1932年发现了正电子。1933年以后安德森继续他在射线与基本粒子方面的研究工作，他的大部分研究和发现发表在《物理评论与科学》期刊上。

3 宇宙失衡之谜

　　尽管物质与反物质在狄拉克方程中地位相同，反物质的出现却极为罕见。我们所见到的反物质都是以粒子碰撞的形式制造出来的，无论它们是在宇宙射线中还是粒子加速器里。有一些反物质可能产生于剧烈的天体物理事件中，例如黑洞吞噬整个星系。总之，到目前为止，我们发现的反物质粒子并不能说明宇宙深处一定有反物质世界存在。

对称与美

　　"群峰倒影山浮水，无水无山不入神。"自古以来，诗人用这种和谐对称的诗句描绘了一幅又一幅大自然的美好景色，如图11-11所示。可见"对称是美的"已经深深印在了我们的脑海中。

　　不仅如此，物理学家们关于对称问题的回答大致都是："自然界是对称的，我们的理论和方程式就是这一内在秩序在所有事物中的体现。"比如：作用力与反作用力、

图11-11　大自然的对称美

自由落体与竖直上抛的时空一致性、麦克斯韦方程组所展示的电磁相互作用的完美统一……无一不体现物理学中对称美的存在。对称性也对物理学的发展起到了不可替代的推动作用。当丹麦物理学家奥斯特发现电流的磁效应时，很多物理学家的反应就是磁也应该能生电，这个想法最终也得到了证实；当科学家们把库仑力的转动对称应用到化学当中时，元素周期表才得到了完善……从某种意义上说，物理学中确实有许多原理体现了对称原则。那么，只有对称才是完美的，不对称就不美了吗？

美妙对称的破坏

20世纪50年代以前，科学家相信所有的物理定律分别服从C（代表电荷）、P（代表宇称）和T（代表时间）的对称。1927年，物理学家魏格纳指出，亚原子粒子的宇称是守恒的，因为这些粒子可以看作是具有"左右对称性"。举个形象的例子，比如我们的两只手，把一只手放在镜子上，镜子里边的手就与我们另外一只手一样，这种经过镜像反射的就叫宇称。这两只手的行为遵从同样的物理定律，就像两只手对拍与一只手对着镜子拍是一样的，这就是宇称守恒。当你一只手对着镜子拍时，镜子里的手或者说你的另一只手却不跟随着拍，宇称就不守恒了。没想到的是，自然界还真是这样的不听话。

1956年，两位年轻的物理学家李政道和杨振宁提出弱相互作用实际上不服从P对称。到了1964年，两个美国人克罗宁和费兹发现，K介子的衰变并不服从CP对称（图11-12），为此两人获得了诺贝尔奖。这种打破唯美对称的发现正如马塞洛·格莱泽在《不完美的宇宙》一书中写道：美未必是真，或者反过来说，真未必是美。

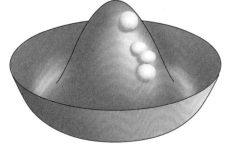

图11-12　CP破坏

宇宙丢失的另一半

在现代宇宙理论中，有一种说法是宇宙是从"虚无"状态诞生的，大爆炸（图11-13）最初的一秒是宇宙的婴儿时期，这一时期宇宙出现了一次暴胀。大爆炸使宇宙充满极高能量，反物质与物质就是在这一时期形成的。如果宇宙从大爆炸而来，那么

图 11-13　科学家认为宇宙从大爆炸而来

物质与反物质应该是等量的。而两者一旦接触便会湮灭、抵消，释放巨大的能量（光子）（图 11-14）。

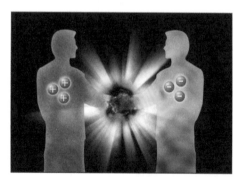

图 11-14　物质与反物质"相遇"就会湮灭并释放能量

　　由于我们长期以来对对称美的热爱，因此理所当然地认为，宇宙是由物质组成，那么一定会有反物质存在，宇宙中天体和反天体可能各占一半。而如今，我们所观察到的都是物质的世界。那些丢失的反物质到哪里去了呢？

　　一种解释认为在宇宙中存在着由反物质组成的星系，反物质可能就隐藏在宇宙的另一面，在那里，可能存在我们想象的反物质世界；另一种解释认为宇宙诞生时产生的物质比反物质多了一点。曾有科学家估测反物质极少是由于物理规律中存在着微小不对称。在大爆炸之后，宇宙的温度不断下降，由于宇宙间的这种微小不对称，最终每十亿零一个物质粒子就有十亿个反物质粒子对应,当它们相互湮灭放出能量后,每十亿零一个粒子中仅留下了一个粒子,我们今天的宇宙就是由这一个个幸存的粒子构成的。

反过来,如果没有反物质与物质之间的失衡,就不会有现在的物质世界。因为只要反物质与物质等量共存,两者就会彼此毁灭到今日的宇宙中只剩下大量的能量,而不会有生命的延续。现在的理论还不能真正解释宇宙中物质与反物质是否对称,以及为什么宇宙主要是物质而不是反物质。这些问题对现代物理学家们来说仍然是一个谜,并吸引着一代一代的物理学家去揭开它们的神秘面纱。

为解开这个世纪之谜,中国和意大利将在西藏海拔 4 300 m 的羊八井地区,建成世界上第一个 10 000 m^2 "地毯"式粒子探测阵列实验站,用以接收来自宇宙的高能射线和反物质粒子。这是世界上海拔最高的科学工程,是地面宇宙线探测的重要基地。

华裔科学家丁肇中一直致力于寻找反物质。他认为,一个实验工作者探测未知的事物是责无旁贷的。1998年6月2日,由丁肇中领导完成的阿尔法磁谱仪(简称为 AMS)(图 11-15)由美国发现号航天飞机携带发射升空。AMS 是专门设计用来寻找宇宙中的反物质的仪器。然而这次飞行并没有发现反物质,但采集了大量富有价值的数据。2011年,阿尔法磁谱仪探测器被送到国际空间站(图 11-16)。AMS 对人类认识宇宙的形成机理有着重要意义,利用 AMS 的观测数据有望揭开宇宙失衡之谜。

图 11-15 阿尔法磁谱仪

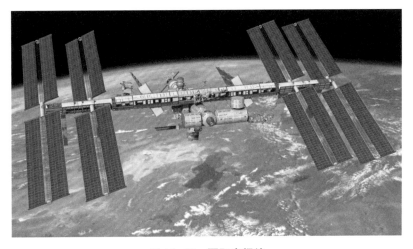

图 11-16 国际空间站

 **趣闻插播**

　　通古斯大爆炸之谜：1908年6月的一个清晨，在俄罗斯通古斯地区叶尼塞河发生了一次惊天动地的大爆炸。人们看到一个巨大的火球，裹挟着热浪袭来。当时估计爆炸威力相当于2 000万t TNT炸药。后来科学家实地考察，在现场未发现一块陨石碎块。那是什么原因引起的呢？

　　物理界众说纷纭，出现了许多假说：核爆炸说、黑洞撞击、飞碟说和反物质说等。到目前为止，通古斯大爆炸还没有一个完美的解释，至今仍然是科学界的一个谜。

 工具箱

　　光子：光量子，简称为"光子"，是传递电磁相互作用的基本粒子，是一种规范玻色子。光子是电磁辐射的载体，而在量子场论中光子被认为是电磁相互作用的媒介子。与大多数基本粒子（如电子和夸克）不同的是，光子的静止质量为零。

4 反物质飞船与武器

我们已经知道物质和反物质碰撞时，会产生巨大能量。所以科学家们尝试将反物质作为推动飞船的最具潜力的燃料。美国国家航空航天局（NASA）计划开发反物质发动机作为新型航天器的推进装置。其设想的反物质飞船如图11-17所示。目前，美国国家航空航天局先进理念研究所（NIAC）正在资助一个研究小组，该小组正致力于以反物质作为动力的太空船研究。

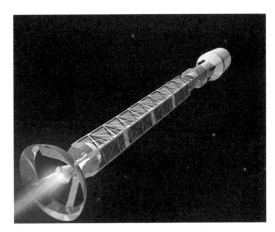

图11-17　反物质推进飞船设想

反物质飞船

如今，随着对反物质的不断研究和探索，越来越多的反物质走进科幻小说。在科幻电影《星际迷航》中，反物质作为一种燃料推进飞船，其动力系统的工作原理就是利用正反物质相互湮灭而释放能量，该影片中名为"企业"号的宇宙飞船（图11-18）可实现曲速飞行、超光速抵达宇宙中任何一个地方，都仰仗于它的反物质动力系统。

图11-18　科幻电影中的宇宙飞船

从理论上说，用反物质作为动力是可行的。但在现实生活中，我们需要通过粒子加速器来生产反物质，并且制造反物质价格之高超乎想象。NIAC首席研究员史密斯说："据粗略估计以现在的技术来为人类火星之旅生产正电子，每生产10 mg正电子将耗资约25亿美元。"而要进行恒星际宇宙航行时需要携带相当多的反物质。

此外，如何在小型空间内储存足够的正电子成为科学家们的一大难题。因为它们

图 11-19　正电子发电机概念图

会吞食正常物质，而现在人类还没有生产出由反物质制成的容器，所以只能将其存放在电场、磁场或电磁场内。现在科学家们正致力于研究开发克服这些挑战的方法。

抛开这些挑战，若反物质飞船真的能够实现，其相比目前的宇宙飞船还是有很多优点。首先，若采用正电子反应堆，在其燃料耗尽之后则不会产生残留物，且不像核炸弹那样产生放射性污染。其次，在科幻小说中，正电子动力太空船可能只需要90天左右就可抵达火星，甚至有可能在45天内完成。目前核反应堆相当复杂，在火星之旅中很多潜在的问题可能会导致核反应堆发生故障。而正电子反应堆能像核反应堆一样为太空船提供充足动力，并且其结构相当简单。如图11-19所示是NASA正在开发的正电子发动机概念图。

反物质武器

反物质武器（图11-20）是一种以反物质作为能量、推进剂或爆炸物的器件，是想象中的拥有超强力量的武器，目前还仅存在于科幻小说中。反物质武器同样具有许多优点，但制造和保存微量反物质是件非常困难和耗资巨大的事情。试想它一接触任何常规物质制造的容器壁，就会瞬息湮灭。那么若想制造出超级武器，更是遥不可及的事情。

图 11-20　反物质武器发射想象图

总的来看，探索反物质的道路是艰难的。史蒂芬·霍金教授（Stephen William Hawking，1942—2018）针对粒子物理学的未来曾发表感言："粒子物理学绝对不是一个行将就木的领域，这是一个非同寻常的领域，它对于有志向、有兴趣探索我们的宇宙如何运行的年轻人提出了巨大的挑战。"

科学家画廊

图11-21　赵忠尧

赵忠尧（1902—1998） 中科院院士、核物理学家，中国核物理的奠基人。他的一生充满传奇色彩。其实早在1930年，赵忠尧已成为第一个观测到正反物质湮灭的人，也是物理学史上第一个发现了反物质的物理学家。不幸的是，一位提出错误疑问的科学家，影响了赵忠尧的成果进一步被确认，虽然后来事实证明赵忠尧的结果是完全准确的。以至于多年之后，深知其中就里的前诺贝尔物理学奖委员会主任在一篇文章中坦诚地写道："赵忠尧在世界物理学家心中是实实在在的诺贝尔奖得主！"

参考文献

［1］汤双.反物质之谜［J］.读书，2011.

［2］朱蒂.走进反物质［J］.发明与创新（中学时代），2010.

［3］唐孝威，张杰.探测宇宙反物质［J］.物理学进展，1996.

［4］岳泉.反物质之谜［J］.大自然探索，2010（01）.

［5］刘树勇.不可思议的反物质［M］.石家庄：河北科技出版社，2003.

［6］弗雷泽.反物质：世界的终极镜像［M］.上海：上海科技教育出版社，2009.

第十二章 是否有和谐的宇宙交响曲？

——世界的统一性

- 从基本相互作用说起
- 实现物理学统一之梦
- 弦上的宇宙

关于宇宙间的最大问题、最小问题，在当今物理学家的手里，有两本不同规则的手册，它们都可以用来解释自然的运作规律。爱因斯坦的《广义相对论》，它解释了行星的运行、宇宙的膨胀等；而另一本就是《量子力学》，量子理论解释铀原子的衰变，或光子击中太阳能电池板后发生了什么。然而，它们之间是否存在宇宙的大一统呢？科学家们一直在探索。

从基本相互作用说起

大千世界中的物体并不是孤立存在的，它们有着多种多样的相互作用。17世纪下半叶，人们发现一切物体之间的相互作用——"万有引力"；19世纪后，电荷间、磁体间的相互作用被称为电磁相互作用；随着后来20世纪强相互作用、弱相互作用的发现，物理学中把自然界中的物质之间的相互作用归纳为：引力相互作用、电磁相互作用、强相互作用以及弱相互作用。

引力相互作用

在牛顿之前，没人知道从树上下落的苹果会跟围绕着太阳旋转的行星有着相同的物理学原理，他大胆地向前迈出一步，将天上和地下联系在一起，统一了主宰天与地的物理学。物体与物体之间的这种吸引力作用普遍存在于宇宙万物之间，并把它称为万有引力（universal gravitation）。

牛顿推导出引力的大小和物体的质量以及两个物体的距离有关。物体的质量越大，它们之间的万有引力也就越大；物体之间的距离越远，它们之间的万有引力也就越小，即"两个物体间的引力的大小，跟它们之间质量的乘积成正比，跟它们之间的距离的平方成反比"。通过这一描述，我们可以感悟到，牛顿的万有引力定律并没有揭示引力产生的实质。

"万有引力定律"可以用于解释行星的运动、月球的运动、潮汐的形成等诸多科学难题。但是，随着科技的发展和人类认识范围的逐步扩大和深入，许多宇宙现象已无法用牛顿的"引力"加以圆满解释，"引力"显现出自身的局限性和本身存在的缺陷。1678年牛顿在所著的《自然哲学的数学原理》一书中，又写了这样的一段话："我没有提出引力本身性质的原因……我仍然不能从现象中推导出引力性质的原因，也没能想出一个合理的假说来。"牛顿虽然给出了"万有引力定律"，却不能向我们揭示"引力"的物理性质，即"万有引力"的本质。

1913年，爱因斯坦提出了引力场的相对理论。这一理论不同于牛顿的引力理论，他把引力场归结为物体周围的时空弯曲（图12-1）。爱因斯坦的"引力"所描述的是以时空弯曲为载体的场引力，而牛顿的"引力"是以质量天体为载体的线性引力。这一点在爱因斯坦的广义相对论中，有具体的描述。爱因斯坦对引力的看法与牛顿有着根本性的不同：第一，如果说太阳的质量加倍，在牛顿定律中太阳的引力也会加倍，但是根据爱因斯坦理论，时空的曲率一般来说未必会加倍，它的变化方式复杂得多，时空曲率的来源可能是能量或者是动量。第二，牛顿的重力是一种超距作用，传播是瞬时完成的；而在爱因斯坦的理论中，

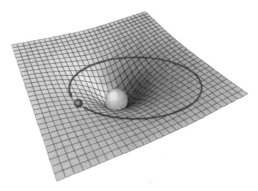

图12-1 物体周围的时空弯曲

引力的效应同其他的效应一样，传播是需要速度的，而这个速度不能大于光速。爱因斯坦的理论告诉人们引力无非就是时空曲率的表现，所有的物体都会在引力的作用下沿着同样的轨道运动。爱因斯坦的这一理论明确地预言了引力会使光线弯曲，也预言了引力波的存在。黑洞可能存在，也是这一理论的又一结果，它帮助我们更清楚地认识了这个物理世界的奥秘。

电磁相互作用

人们在17世纪时已经认识到了，带电物体之间，既可以相互吸引，也有可能相互排斥。直到18世纪的后半叶，库仑（Charles-Augustin de Coulomb，1736—1806）研究了带电体之间的相互作用，发现两带电体间的作用力沿着它们的连线，其大小与它们所带电荷的乘积成正比，与它们间的距离的平方成反比，而这一结果与万有引力定律相比显示出惊人的相似性。库仑定律与牛顿引力定律间也有一些不同之处：电荷可以是正的，也可以是负的，所以电作用力可以是吸引或排斥，但是引力作用永远是吸引的；对于电作用而言，同种电荷相互排斥，而对引力作用而言，"同种物质"——所有的物质都属于"同种物质"——相互吸引；与电作用相比，引力作用是非常非常微弱的。

早在久远的古代，人们便已经知道铁矿石（即磁石）的存在。如图12-2所示，我国四大发明之一司南，正是中国古代劳动人民在长期的实践中对物体磁性认识的发明。磁体间可以彼此吸引，也可以相互排斥，与电荷间的作用一样，但是仍有许多的不同之处：独立存在的电荷是常见的存在，而人们却从来不曾发现过以独立形态存在的磁极。我们可以制造出非常细、非常长的磁体，使磁极间有很长的距离。如果将磁体一分为二的话，并不是两个单个的磁极，而是又出现了一对磁性相反的磁极，每个小磁

图12-2　古代司南

体上各有一个南极和北极。

人们一直觉得电与磁之间应当存在着某种关联，丹麦哥本哈根大学的教师奥斯特（Hans Christian Oersted，1777—1851）证明，如果将罗盘磁针置于电线附近，并使磁针的轴线方向与电线的走向平行，一旦导线通上电流，磁针就会偏转到与电线的走向相垂直的位置上，显然，电流产生了方向与导线垂直的磁场。电流是运动着的电荷，由此可知，运动着的电荷会产生磁场，这是实现电磁统一的第一步。电流既然能够对磁针的两极产生作用力，磁场中移动的电荷也必然受到该磁场的作用力，并将这个力称为洛伦兹力。

科学家们一直都用"超距作用"的概念来考虑电力和磁力，到了19世纪前半叶，才开始转向相互作用的"场论"观点。法拉第引入了力线的概念，他的基本思想是带电体在其周围空间建立起一个场，而物体间的相互作用是通过场发生的，法拉第还发现了变化着的磁场会使导体中产生电流（图12-3）。其中，关键的一点是，磁场线和导体两者之间应当存在相对运动，即穿过一个闭合回路的磁场随时间变化时，就会在回路中感生电压。

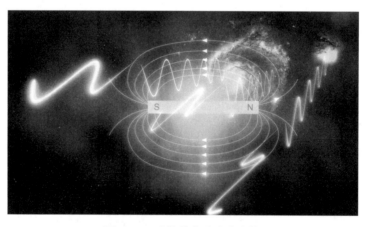

图12-3　法拉第电磁感应定律

麦克斯韦有着极高的数学造诣，他接受了电场和磁场是基本量的思想。在麦克斯韦的电磁场理论中，变化着的电场伴随变化着的磁场，变化着的磁场也伴随变化着的电场；电场和磁场不是彼此孤立的，它们相互联系、相互激发，组成一个统一的电磁场。麦克斯韦进一步将电场和磁场的所有规律综合起来，建立了完整的电磁场理论体系。这个电磁场理论体系的核心就是麦克斯韦方程组（Maxwell's Equations）。无论是量子力学的革命或狭义相对论的问世，无论在哪一方面都不会降低麦克斯韦在100多年前提出的电磁场方程组的重大意义，其中孕育着爱因斯坦将空间与时间统一到一起的种子。这组方程预示一个带电体引起的电磁扰动，会像波一样以一定的速度向外传播，传播的速率在很小的测量误差范围内与光速一致。麦克斯韦对物理学的贡献具有重大的意义，他认为场论比超距作用理论更优越，并且在电磁学与光学之间建立起联系。

迈克尔·法拉第（Michael Faraday，1791—1867）　英国物理学家、化学家，也是著名的自学成才的科学家。1831年，他作出了关于电磁场的关键性突破，永远改变了人类文明。他的发现奠定了电磁学的基础，是麦克斯韦的先导。1831年10月17日，法拉第首次发现电磁感应现象，并得到产生交流电的方法。1831年10月28日，法拉第发明了圆盘发电机，这是人类创造出的第一个发电机。由于他在电磁学方面作出了伟大贡献，被称为"电学之父"和"交流电之父"。

图12-4　法拉第

强相互作用

强相互作用存在于原子核的内部，核力属于强相互作用的力，是组成原子核的力，将带正电的质子束缚在原子核内。现代物理学认为，核力主要是一种短程的吸引力。当两核子之间的距离在4~5 fm（1 mm=10^{12} fm）时吸引力消失，或不明显；当两核子的距离在2~5 fm时，有较弱的吸引力；当两核子在1~2 fm时表现出较强的吸引力；当两核子的距离小于0.4~0.5 fm时，则表现出较强的排斥力。这说明了核子之间不单是吸引力，还有排斥力。

无论是原子弹、氢弹的爆炸，还是太阳的发光发热都离不开强相互作用。太阳是

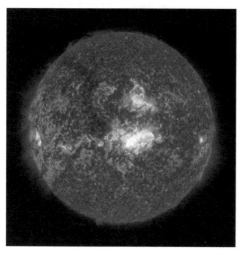

图12-5　太阳表面

我们唯一能观测到表面细节的恒星。我们直接观测到的是太阳的大气层,它从里向外分为光球、色球和日冕层。总体而言,太阳是一个稳定、平衡、发光的气球体,但它的大气层却处于局部的激烈运动之中,太阳表面(图12-5)每秒发生相当于300万次百万吨核爆炸,相当于每天发生21 600亿颗原子弹爆炸。太阳的主要成分是气态的氢元素和少量的氦元素,在其中心内部发生的核聚变,即四个氢原子聚变时转变为一个氦原子,这个反应过程并不是质量守恒,而是有千分之四的质量亏损,这千分之四的质量就转化成了核能量,以光和热的形式释放了出来。

弱相互作用

19世纪末,物理学家发现有的原子核能够自发地释放出射线。后来发现,在放射现象中起作用的还有另外一种基本作用——弱相互作用。弱相互作用并不弱,在四种基本相互作用当中,引力相互作用最弱,弱相互作用的强度排在强相互作用和电磁相互作用之后。

最早观测到的原子核的 β 衰变是弱相互作用现象。在原子核里出现的 β 放射性行为,就可以解释为:原子核中的中子在衰变成质子的过程中,不仅放出一个电子,同时还放出一个中微子。究竟是一种什么力促使这种变化呢?仔细分析,电磁力不可能产生这个过程,因为电磁力的传递者是光子,而在这种衰变中没有光子参加。费米作了一个大胆的尝试,他假定:从质子到中子的衰变过程,是由于自然界中某种新的力引起的。弱力没有本领把任何粒子束缚在一个较复杂的体系中,它只存在于一些粒子发生衰变和俘获的一瞬间,粒子之间一离开,弱力马上就消失。人们认为自然界果真是存在着一种新的自然力——弱力。费米也因创立了弱力理论而闻名天下,他的理论得到了举世公认。

在弱相互作用中,另一个现象是宇称不守恒(图12-6)。在1956年前一直认为宇称守恒,也就是说一个粒子的镜像与其本身性质完全相同。李政道和杨振宁在深入细致地研究了各种因素之后,大胆地断言:τ和θ是完全相同的同一种粒子(后来被称为K介子), 但在弱相互作用的环境中, 它们的运动规律却不一定完全相同。此后不久, 同为华裔的实验物理学家吴健雄用一个巧妙的实验验证了"宇称不守恒", 从此, "宇称不守恒"才真正被承认为一条具有普遍意义的基础科学原理。

弱相互作用的应用越来越广泛, 例如医院放射科用于治疗癌症的钴-60、测定文物年代的碳-14等。因此, 弱相互作用虽然不起眼, 但对于宇宙、对于人类来讲仍然是至关重要的。弱相互作用的代表粒子就是中微子, 它同时也参与引力相互作用。中微子的质量只有电子的百万分之一, 不参与电磁相互作用, 当然也就不带电。此时, 我们一定能够理解中微子的名字和它的特征之间的关系——它是一种中性的、微小的、只参与两种相互作用的基本粒子。

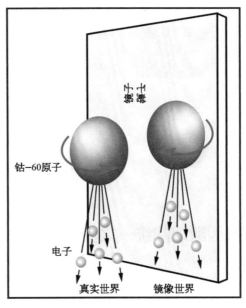

图12-6 钴-60字称不守恒

图12-7 费米

科学家画廊

恩利克·费米 (Enrico Fermi, 1901—1954) 美籍意大利裔物理学家, 1938年诺贝尔物理学奖获得者。他对理论物理学和实验物理学方面均有重大贡献, 首创了β衰变的定量理论, 负责设计建造了世界首座自持续链式裂变核反应堆, 发展了量子理论。以他的名字命名的有费米黄金定则、费米-狄拉克统计、费米子、费米面、费米液体及费米常数等。

2. 实现物理学统一之梦

大自然是变化万千的，但也是辩证统一的。物理学家们一直期望能实现物理学的统一之梦。

爱因斯坦的统一之梦

物理学家们相信，在自然界的诸力之间，一定存在着某种统一性。法拉第在将电与磁统一到一起之后，又进行了一系列实验，目的就是希望发现电力、磁力与重力间的关联；同样是经典电磁学的创始人麦克斯韦，推导出电磁现象统一的四大数学方程，提出电磁场的传播速度等于光速，光也是一种电磁波，统一了电磁光领域。

爱因斯坦从1922年起，至1955年去世为止，一直在寻找所谓的统一场论——一个能在单独的包罗万象的协和框架下描绘自然力的理论，但是没有成功。因为尽管已有了引力和电磁力的部分理论，但关于核力还知道得非常少，所以时机还没成熟。并且，尽管他本人对量子力学的发展起过重要的作用，但他怀疑它的真实性。量子力学中的不确定性原理（uncertainty principle）是我们生活的宇宙中的一个基本特征。所以，一个成功的统一理论必须将这个原理合并进去。

 工具箱

不确定性原理：不确定性原理由德国物理学家海森堡1927年提出，是量子力学的产物。量子力学是研究物质世界微观粒子运动规律的物理学分支，与相对论一起构成现代物理学的理论基础。不确定性原理认为，不可能同时知道一个粒子的位置和它的速度。这表明微观世界的粒子行为与宏观物质很不一样。此外，不确定原理涉及很多深刻的哲学问题，用海森堡自己的话说："在因果律的陈述中，即'若确切地知道现在，就能预见未来'，错误的并不是结论，而是前提。我们不能知道现在的所有细节，这是一项原则性的事情。"

电弱统一理论

　　20世纪60年代中期，人们便认识到，电磁力和弱力表现为一个统一整体中的两个区域。人们统称这个统一整体为电弱相互作用。1967年伦敦帝国学院的阿伯达斯·萨拉姆（Abdus Salam）和哈佛的斯蒂芬·温伯格提出了弱作用和电磁作用统一理论。温伯格-萨拉姆理论认为，除了光子，还存在着其他3个自旋为1的被统称为重矢量玻色子的粒子，它们携带弱力。在低能量的情况下，看起来不同的粒子，事实上只是同一类型粒子的不同状态。在高能量下所有这些粒子都有相似的行为。在温伯格-萨拉姆理论中，当能量远远超过100 GeV时，这三种新粒子和光子的行为方式很相似。但是，萨拉姆和温伯格提出此理论时，很少有人相信他们，因为还无法将粒子加速到100 GeV的能量。在1983年1月20日至21日，在欧洲核子研究中心的质子–反质子对撞机（图12-8）上工作的两个实验组分别宣布发现了特性与弱电统一理论所期待的完全相符的 $W^{\pm}$。1979年这两位科学家与哈佛的谢尔登·格拉肖一起被授予诺贝尔物理学奖。格拉肖也提出过一个类似的统一电磁和弱相互作用的理论。这一理论的意义与一个世纪前麦克斯韦电磁统一理论同样重要。

图12-8　质子同步加速器

斯蒂芬·温伯格（Steven Weinberg，1933—　）
美国科学院院士，英国皇家学会外籍会员，国家天文学会会员，美国哲学和科学史学会会员，美国中世纪学会会员。他的《广义相对论与引力论》《最初三分钟》《终极理论之梦》等书曾风行世界。温伯格先生有着广博的人文知识，获得过刘易斯·托马斯奖，并因此被人称为诗人科学家。

图12-9　温伯格

标准模型

20世纪50年代，粒子物理学遇到了一个瓶颈，按照诺贝尔奖得主、电弱统一理论提出者之一的斯蒂芬·温伯格的话来说那是"一个充满挫折与困惑的年代"，几乎当时已经应用的理论都遇到了很大的问题。正是因为这些困惑，激励着科学家们不断地探索。

自20世纪60年代以来，基于杨-米尔斯的非阿贝尔规范场理论，逐步完善构建了标准模型理论。标准模型理论，已成为当今粒子物理学的主流理论。标准模型是一套描述强作用力、弱作用力及电磁力这三种基本力及组成所有物质的基本粒子的理论。标准模型理论被一个又一个激动人心的实验结果所证实。标准模型包含费米子和玻色子两类，费米子遵守泡利不相容原理，而玻色子不遵守泡利不相容原理，费米子是组成物质的粒子，而玻色子是传递各种力。在标准模型理论中将电弱统一理论和量子动力学合并为一，把玻色子和费米子配对起来，以描述费米子之间的力。

虽然实验结果能很好地符合标准模型理论，但是它本身仍存在着许多缺陷，首先，模型中包含了许多参数，这些参数不能够由计算得出，而应该由实验数据决定。其次，理论所预测的希格斯玻色子当时还未被正式发现。最后，标准模型没有涉及万有引力相互作用。在"真理大海"的面前，我们仍然需要不断地探索。

3. 弦上的宇宙

如果说，标准模型的成功在于它统一了万有引力、电磁力和核力，它把宇宙的基本组成看作没有内部结构的粒子。虽然这个方法已经得到了实验的验证，却成不了最完备的理论，因为它没有包含引力。这个尚未解决的矛盾激励着人们去寻找一个更深的自然理论。直到玛丽王后学院的格林和加州理工学院的施瓦兹提出了第一个令人信服的证据——弦理论，这可能是我们想要的答案。

弦论的起源

在当今物理学家心里，即使对历史上某些最伟大的科学成就来说，在远方的地平线上也飘浮着乌云。问题在于，现代物理学家所依赖的是两大支柱。一个是爱因斯坦的相对论，它解决了宇宙中的大问题；另一个是量子力学，我们用这个框架认识了小尺度下的宇宙：分子、原子以及比这更小的粒子，如电子、夸克。两个理论都差不多被物理学家所证实，但这两个理论却是水火不相容的。你以前可能还没有听说过那么可怕的对立，实际上，在过去的世纪里，发生像广义相对论和量子力学那么可怕的冲突不是第一次了，我们已经遭遇过了两次了，每一次冲突的解决，都会使我们对宇宙的认识发生奇妙的改变。

 趣闻插播

两次冲突：1905年第一次冲突发生在19世纪末，与光的奇特的性质有关。简单说，根据牛顿的运动定律，如果跑得足够快的话，就能够超过光速；而根据麦克斯韦的电磁学定律，谁也跑不过光。后来，爱因斯坦通过他的狭义相对论解决了这个矛盾，并因此彻底推翻了我们对空间和时间的认识。

随着狭义相对论的发展，很快又遇到了第二次冲突。爱因斯坦认为，任何物体——实际上包括任何形式的影响和干扰——都不可能跑得比光快。而牛顿的引力理论却牵涉瞬时通过巨大空间距离的作用。这一次,又是爱因斯坦走上前来,凭他1915年广义相对论的引力新概念,化解了这个矛盾。

广义相对论的发现在解决一个冲突的同时,又带来了另一个冲突,那就是广义相对论的弯曲的空间几何形式总是与量子力学蕴含的微观宇宙的行为不相容的。到了20世纪80年代中期,弦理论带来了解决办法。在基本理论中,将宇宙的基本组成看成是粒子,而弦理论却有另外的说法。根据弦理论,假如我们以更高的精度去考察那些粒子,我们会发现它们并不是点状的粒子,而是由一维的小环构成,有开环或者闭环。每一个粒子都像一根无限纤细的橡皮筋,一根振荡、跳动的丝弦线,并把它称为弦。以前我们从原子走到质子、中子、电子和夸克,现在弦理论在它的面前又增添了一个微观的振动线圈。弦理论提供了一个能囊括一切力和物质的解释框架。

弦理论认为,观测到的粒子的性质反映了弦有多少种不同的振动方式。我们都知道,对应不同的振动频率,我们的耳朵就会听到不同的音调与和声,同样,弦理论里也有这样的性质。不过,我们将看到,弦理论的弦在共振频率处的振动不是产生什么音乐,而是出现一个粒子,粒子的质量和力荷由弦的振荡行为决定。比如上夸克是以某种方式振动的弦,质子是以另一种方式振动的弦等。弦理论也可以用来解释宇宙中的自然力,作用力的粒子也关联着特定的弦振动模式,从而使一切的物质和力都统一到了微观弦振荡的大旗下——那就是弦奏响的美妙的宇宙交响乐。

这样,我们在物理学史上第一次有了一个能解释宇宙赖以构成的所有基本特征的框架,所以被称为"包罗万象的理论"或者说是一个"终极"理论,这些都是用来强调弦理论是一切其他的理论的基础,不需要有更基本的理论来解释它。

看不见的维

弦理论解决广义相对论和量子力学冲突的方式,可能连爱因斯坦也会觉得离奇,它使我们对空间和时间的概念经历一个彻底的变革。弦理论动摇现代物理学基础要先从宇宙的维数开始。如图12-10所示,我们平时所生活的空间是一个三维的空间。假如说,你放下手中的书本,站起来,你可以在3个独立的方向运动,我们这里说的方向即是"左右""前后""上下"。宇宙间的任何一个位置都可以用这3个数来完全确定,这就是我们所说的三维空间。从另外的一个观点来说，爱因斯坦的理论鼓励我们把时间看作另外的一个维度，那么对于宇宙中的任何一件事，我们应该说它发生在什么时候、什么地方。

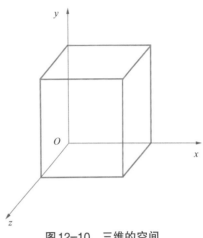

图 12-10　三维的空间

我们比较容易理解宇宙的三维空间，但在1919年，波兰数学家卡鲁扎却提出宇宙也许不止有 3 个空间维，而是有更多。卡鲁扎的理论看起来匪夷所思，因为我们生活在三维的空间和多余一维的时间里，对于其他多余的维，确实难以理解。想象花园里的一根水管，从远处看，水管仿佛是一根细线，而此时，恰好有一只蚂蚁在水管上面。假如有人问你蚂蚁的位置，你只需要告诉他一个数，蚂蚁离水管左端（右端）的距离。从这个例子我们可以看出，如果从很远的距离看，水管就是一维的。但是，在我们实际的生活中，水管是有粗细的。从很远的地方，你可能看不清，但是，如果你拿一个望远镜来观察水管的话，你就会发现，水管上的蚂蚁不仅可以顺着管子的长度左右爬行，还可以绕着管顺时针或逆时针方向爬行。如果此时，有人问你蚂蚁的位置，你不仅要告诉他，蚂蚁在管子的什么长度，还要告诉他在水管管圈的什么地方，这也就说明水管的表面是二维的。但是水管的这两个维度有很明显的不同，沿着管子伸展方向的一维很长，容易看到，沿着管圈的那一圈很短，"蜷缩起来了"不容易发现，如果你想看清圆圈的那一维，你得用更高的精度来看这根管子。

在宇宙的空间维度中，它有两种形式。它可能很大，能直接显露出来；它可能蜷缩起来了，不易观察。在这个例子中，那个蜷缩的维度，你只要用望远镜就可以发现它。但是，在我们实际的生活中，要发现那蜷缩的维可就不那么容易了。卡鲁扎和克莱茵认为我们的宇宙也是如此，它有 3 个大的延伸的空间维，还有一个时间维度，假如宇宙另一个蜷缩的维也像水管的细圆圈儿那样很小，我们用最大的放大器也看不到。而那些蜷缩的维，在我们熟悉的空间的每一点，正如空间的每一点都有上下、左右、前后方向一样。这样我们在描述蚂蚁的位置的时候，就需要加上更多的维度。

卡鲁扎只是在多一个空间维的"最保守的"假设条件下进行了这样的数学分析，导出了具体的新方程，而这个新方程从根本上来说与爱因斯坦的方程是一样的。但是，因为他多包含了一个空间维，所以他当然也发现了爱因斯坦不曾导出的方程。最有趣的是，这个方程不是别的，正是麦克斯韦在19世纪80年代为描写电磁力而写下的方程。在增加了一个空间维之后，卡鲁扎将爱因斯坦的引力理论与麦克斯韦的光的理论统一到了一起。这个理论也得到了爱因斯坦的关注，但是由于它与实验结果有很大的矛盾，它并没有得到重视。到20世纪60年代末和70年代初，标准模型成了社会的主流，它的许多预言都已经得到了证实。但是，仍然没有解决广义相对论与量子力学之间的矛盾。科学家们一直尝试将引力也包含进来，摸索过无数的方法，可是都失败。于是，人们又想起了卡鲁扎-克莱茵理论。

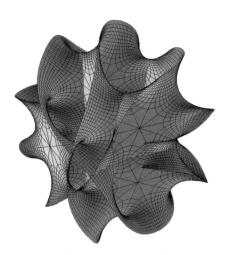

图 12-11　卡-丘空间

在我们生活的宇宙中包含了无数的蜷缩的空间维，那些多余的维小于我们能直接"看到"的尺度，没有东西能够否定它们的存在。弦在所有空间维振动，所以那些多余的维如何蜷缩、如何自我封闭，都影响并束缚着弦的可能的共振模式。于是，我们才看见了不同粒子的性质。弦理论中的多余维度并不是随便能以任何方式"折皱"起来的；来自理论的方程限定了它们的形态。1984年，物理学家证明有一类特殊的六维空间的几何形态能满足那些条件。那就是所谓的卡-丘空间（图12-11），这是以宾夕法尼亚大学的数学家卡拉比和哈佛大学的数学家丘成桐两人的名字命名的。

M理论

在20世纪80年代末，弦理论的存在解决了广义相对论与量子力学之间的矛盾，但是，它仍然是不够完美的。原因有以下两点：第一，物理学家发现实际存在着5种不同形式的弦理论，比如说，是闭弦或者是开弦，还有振动方式的不同，这曾令无数的科学家感到困惑，我们需要的是一个真正的最终的统一理论，但是却出现了5种可能的形式，好像每一种都是正确的；第二，物理学家发现在研究5种弦理论中的任何一种理论的方程时，每一种解就应该对应一个不同性质的宇宙，但是没有一个宇宙与我们所知的宇宙有联系。

1995年以来，越来越多的证据表明，精确的方程可以解决这些问题。实际上，大多数的物理学家发现，当精确方程建立起来时，它们会证明5种弦理论原本是有密切联系的。5种弦理论就好像是一个拉大提琴的演奏家，此时正对着5面偌大的镜子，拉着大提琴的画面，每一面镜子上的演奏家都是一种弦理论，她们代表了同一个演奏家，只是镜子的角度不同而已。这5种弦理论看起来是完全分离的，但是它们描述的都是同一种理论，我们把这个囊括四方的框架现在暂时叫做M理论。而这个M理论，可能就是我们要找的"包罗万象"的理论。

我们记得，卡鲁扎发现多了一个空间维会意想不到地将广义相对论与电磁学结合起来，而现在物理学家发现多一个空间维度会意想不到地将5个不同形式综合在一起，那多余的一个空间维并不是凭空产生出来的，而是科学家们精确计算出来的，也就是说，对于M理论有十一维（十维空间和一维时间）。物理学家们也精确得出，M理论不仅包括振动的弦，还包含着别的东西：振动的二维薄膜、涨落的三维薄膜以及一些其他的物质构成的元素。

在"95弦"年会上，惠藤论证了，从IIA型弦出发，把它的耦合常数从远小于1增大到远大于1，那么我们所能分析的物理有一个低能的近似，那就是十一维的超引力，不管十一维理论是什么，惠藤都把它叫M理论。对于M理论的本性仍然是一个谜，我们只了解到M理论是一个十一维的理论，关于M理论，这个名字代表了很多意思，如谜一般的（Mystery）理论、母（Mother）理论（"一切理论之母"的意思）、膜（Membrane）理论、矩阵（Matrix）理论等。但是，我们即使是不了解它的名字，没严格把握它的性质，我们还是清楚地知道，M理论为5种弦理论结合在一起提供了统一的基础。

宇宙学的沉思

对于宇宙的起源，一直是人们追寻的答案。人们渴望解释宇宙是如何产生的，它是如何成为我们今天看见的那个样子，它因为什么而演化。当今的物理学家普遍认为，宇宙在最初的瞬间经历过极端条件——巨大的能量、极高的温度和极大的密度，这就是人们常常说的宇宙大爆炸。人们对普朗克时间的了解为认识大爆炸瞬间以来的宇宙，提供了一个可以计算的框架。跟所有成功的理论一样，新的认识也带来了更多更细的问题。在现今的理论中，把宇宙从普朗克时间到现在的历史总结在了图中，我们可以看出，从大爆炸到普朗克时间还留下了一丝空白的时间段没有讨论。如果把广义相对论的方程用来解释这个区域，我们可以发现，当时间越接近大爆炸，宇宙就会变得越小、越热、越密。在零时间的那一点，宇宙的大小消失，温度和密度瞬间变成无穷大，这与经典的广义相对论存在明显的不符。

大自然告诉我们，在这样的条件下，我们必须把广义相对论和量子力学结合起来，也就是说，可以运用弦理论。

弦理论和M理论的宇宙学意义在当今世界是一个重大的研究领域，有了理论工具的支持，相信在不久的将来，我们一定会找到宇宙的起源，以及演化为苍天大地的过程的。

参考文献

［1］格林.宇宙的琴弦［M］.长沙：湖南科学技术出版社，2002.

［2］李淼.超弦史话［M］.北京：北京大学出版社，2016.

［3］格林.宇宙的结构：空间、时间以及真实性的意义［M］.长沙：湖南科学技术出版社，2012.

［4］泰勒.自然规律中蕴蓄的统一性［M］.北京：北京理工大学出版社，2004.

［5］格里宾.大爆炸探秘：量子物理与宇宙学［M］.上海：上海科技教育出版社，2000.

［6］李淼.超弦理论的几个方向［J］.物理学研究专题，2004（11）：16-18.

［7］李淼.超弦理论与宇宙学的挑战［J］.物理，2005（9）：634-647.

［8］厉光烈，刘明.走向统一的自然力.超弦理论：四种自然力走向统一的一种尝试［J］.现代物理知识，2015（4）：25-31.

［9］罗正大.宇宙自然力［M］.成都：四川科学技术出版社，2012.

［10］姜放.构造宇宙的空间基本单元统一的物质统一的力［M］.北京：知识产权出版社，2009.

［11］霍金.时间简史［M］.长沙：湖南科学技术出版社，2002.